Triunfar

Eureka Math®
3.er grado
Módulos 1, 2, 3, y 4

Publicado por Great Minds®.

Copyright © 2019 Great Minds®.

Impreso en los EE. UU.

Este libro puede comprarse en la editorial en eureka-math.org.

2 3 4 5 6 7 8 9 10   BAB   25 24 23

ISBN 978-1-64054-894-7

G3-SPA-M1-M4-S-05.2019

Aprender • Practicar • Triunfar

Los materiales del estudiante de *Eureka Math*® para *Una historia de unidades*™ (K–5) están disponibles en la trilogía *Aprender, Practicar, Triunfar*. Esta serie apoya la diferenciación y la recuperación y, al mismo tiempo, permite la accesibilidad y la organización de los materiales del estudiante. Los educadores descubrirán que la trilogía *Aprender, Practicar y Triunfar* también ofrece recursos consistentes con la Respuesta a la intervención (RTI, por sus siglas en inglés), las prácticas complementarias y el aprendizaje durante el verano que, por ende, son de mayor efectividad.

Aprender

Aprender de *Eureka Math* constituye un material complementario en clase para el estudiante, a través del cual pueden mostrar su razonamiento, compartir lo que saben y observar cómo adquieren conocimientos día a día. *Aprender* reúne el trabajo en clase—la Puesta en práctica, los Boletos de salida, los Grupos de problemas, las plantillas—en un volumen de fácil consulta y al alcance del usuario.

Practicar

Cada lección de *Eureka Math* comienza con una serie de actividades de fluidez que promueven la energía y el entusiasmo, incluyendo aquellas que se encuentran en *Practicar* de *Eureka Math*. Los estudiantes con fluidez en las operaciones matemáticas pueden dominar más material, con mayor profundidad. En *Practicar*, los estudiantes adquieren competencia en las nuevas capacidades adquiridas y refuerzan el conocimiento previo a modo de preparación para la próxima lección.

En conjunto, *Aprender* y *Practicar* ofrecen todo el material impreso que los estudiantes utilizarán para su formación básica en matemáticas.

Triunfar

Triunfar de *Eureka Math* permite a los estudiantes trabajar individualmente para adquirir el dominio. Estos grupos de problemas complementarios están alineados con la enseñanza en clase, lección por lección, lo que hace que sean una herramienta ideal como tarea o práctica suplementaria. Con cada grupo de problemas se ofrece una Ayuda para la tarea, que consiste en un conjunto de problemas resueltos que muestran, a modo de ejemplo, cómo resolver problemas similares.

Los maestros y los tutores pueden recurrir a los libros de *Triunfar* de grados anteriores como instrumentos acordes con el currículo para solventar las deficiencias en el conocimiento básico. Los estudiantes avanzarán y progresarán con mayor rapidez gracias a la conexión que permiten hacer los modelos ya conocidos con el contenido del grado escolar actual del estudiante.

Estudiantes, familias y educadores:

Gracias por formar parte de la comunidad de *Eureka Math*®, donde celebramos la dicha, el asombro y la emoción que producen las matemáticas.

En las clases de *Eureka Math* se activan nuevos conocimientos a través del diálogo y de experiencias enriquecedoras. A través del libro *Aprender* los estudiantes cuentan con las indicaciones y la sucesión de problemas que necesitan para expresar y consolidar lo que aprendieron en clase.

¿Qué hay dentro del libro Aprender?

Puesta en práctica: la resolución de problemas en situaciones del mundo real es un aspecto cotidiano de *Eureka Math*. Los estudiantes adquieren confianza y perseverancia mientras aplican sus conocimientos en situaciones nuevas y diversas. El currículo promueve el uso del proceso LDE por parte de los estudiantes: Leer el problema, Dibujar para entender el problema y Escribir una ecuación y una solución. Los maestros son facilitadores mientras los estudiantes comparten su trabajo y explican sus estrategias de resolución a sus compañeros/as.

Grupos de problemas: una minuciosa secuencia de los Grupos de problemas ofrece la oportunidad de trabajar en clase en forma independiente, con diversos puntos de acceso para abordar la diferenciación. Los maestros pueden usar el proceso de preparación y personalización para seleccionar los problemas que son «obligatorios» para cada estudiante. Algunos estudiantes resuelven más problemas que otros; lo importante es que todos los estudiantes tengan un período de 10 minutos para practicar inmediatamente lo que han aprendido, con mínimo apoyo de la maestra.

Los estudiantes llevan el Grupo de problemas con ellos al punto culminante de cada lección: la Reflexión. Aquí, los estudiantes reflexionan con sus compañeros/as y el maestro, a través de la articulación y consolidación de lo que observaron, aprendieron y se preguntaron ese día.

Boletos de salida: a través del trabajo en el Boleto de salida diario, los estudiantes le muestran a su maestra lo que saben. Esta manera de verificar lo que entendieron los estudiantes ofrece al maestro, en tiempo real, valiosas pruebas de la eficacia de la enseñanza de ese día, lo cual permite identificar dónde es necesario enfocarse a continuación.

Plantillas: de vez en cuando, la Puesta en práctica, el Grupo de problemas u otra actividad en clase requieren que los estudiantes tengan su propia copia de una imagen, de un modelo reutilizable o de un grupo de datos. Se incluye cada una de estas plantillas en la primera lección que la requiere.

¿Dónde puedo obtener más información sobre los recursos de Eureka Math?

El equipo de Great Minds® ha asumido el compromiso de apoyar a estudiantes, familias y educadores a través de una biblioteca de recursos, en constante expansión, que se encuentra disponible en eureka-math.org. El sitio web también contiene historias exitosas e inspiradoras de la comunidad de *Eureka Math*. Comparte tus ideas y logros con otros usuarios y conviértete en un Campeón de *Eureka Math*.

¡Les deseo un año colmado de momentos "¡ajá!"!

Jill Diniz

Jill Diniz
Directora de matemáticas
Great Minds®

Contenido

Módulo 1: Propiedades de la multiplicación y la división y resolución de problemas con las unidades del 2-5 y con el 10

Tema A: La multiplicación y el significado de los factores

Lección 1 3

Lección 2 7

Lección 3 11

Tema B: La división como un problema de factor desconocido

Lección 4 15

Lección 5 19

Lección 6 23

Tema C: Multiplicación usando múltiplos de 2 y 3

Lección 7 27

Lección 8 31

Lección 9 35

Lección 10 39

Tema D: División con múltiplos de 2 y 3

Lección 11 43

Lección 12 47

Lección 13 51

Tema E: Multiplicación y división con unidades de 4

Lección 14 55

Lección 15 59

Lección 16 63

Lección 17 67

Tema F: **Propiedad distributiva y resolución de problemas usando múltiplos del 2 al 5 y el 10**

Lección 18 71

Lección 19 75

Lección 20 79

Lección 21 83

Módulo 2: Valor posicional y resolución de problemas con unidades de medida

Tema A: **Medición del tiempo y resolución de problemas**

Lección 1 89

Lección 2 93

Lección 3 97

Lección 4 101

Lección 5 105

Tema B: **Medir el peso y volumen de un líquido en unidades métricas**

Lección 6 109

Lección 7 113

Lección 8 117

Lección 9 121

Lección 10 125

Lección 11 129

Tema C: **Redondeo a la decena y centena más cercana**

Lección 12 133

Lección 13 137

Lección 14 141

Tema D: **Uso del algoritmo estándar en la suma de medidas de dos y tres dígitos**

Lección 15 145

Lección 16 149

Lección 17 153

Tema E: **Uso del algoritmo estándar en la resta de medidas de dos y tres dígitos**

Lección 18 157

Lección 19 161

Lección 20 165

Lección 21 169

Módulo 3: Multiplicación y división con unidades de 0, 1, 6-9 y múltiplos de 10

Tema A: Las propiedades de la multiplicación y la división

Lección 1 175

Lección 2 179

Lección 3 183

Tema B: Multiplicación y división usando unidades de 6 y 7

Lección 4 187

Lección 5 191

Lección 6 195

Lección 7 199

Tema C: Multiplicación y división usando unidades hasta el 8

Lección 8 203

Lección 9 207

Lección 10 211

Lección 11 215

Tema D: Multiplicación y división usando unidades de 9

Lección 12 219

Lección 13 223

Lección 14 227

Lección 15 231

Tema E: Análisis de patrones y resolución de problemas que incluyen unidades de 0 y 1

Lección 16 235

Lección 17 239

Lección 18 245

Tema F: Multiplicación de factores de un solo dígito y múltiplos de 10

Lección 19 249

Lección 20 253

Lección 21 257

Módulo 4: Multiplicación y área

Tema A: Fundamentos para la comprensión del área

Lección 1 263

Lección 2 267

Lección 3 271

Lección 4 275

Tema B: Conceptos de la medición del área

Lección 5 279

Lección 6 283

Lección 7 287

Lección 8 291

Tema C: Propiedades aritméticas usando modelos de área

Lección 9 295

Lección 10 299

Lección 11 303

Tema D: Aplicaciones del área usando las longitudes laterales de las figuras

Lección 12 307

Lección 13 311

Lección 14 315

Lección 15 319

Lección 16 323

3.er grado

Módulo 1

1. Resuelve cada expresión numérica.

> Sé que esta imagen muestra grupos iguales porque cada grupo tiene el mismo número de triángulos. Hay 3 grupos iguales de 4 triángulos.

3 grupos de 4 = **12**

3 cuatros = **12**

$4 + 4 + 4 = \textbf{12}$

$3 \times 4 = \textbf{12}$

> ¡Puedo multiplicar para encontrar el número total de triángulos porque la multiplicación es lo mismo que la suma repetida! 3 grupos de 4 es lo mismo que 3×4. Hay 12 triángulos en total, así que $3 \times 4 = 12$.

2. Encierra en un círculo la imagen que muestre 3×2.

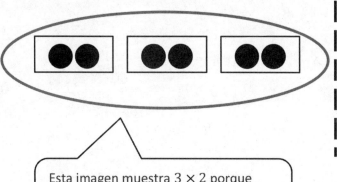   

> Esta imagen muestra 3×2 porque tiene 3 grupos de 2. Los grupos son iguales.

> Esta imagen *no* muestra 3×2 porque los grupos no son iguales. Dos de los grupos contienen 2 objetos, pero el otro solo tiene 1 objeto.

EUREKA MATH

Lección 1:   Comprender los *grupos iguales de* como una multiplicación.

© 2019 Great Minds®. eureka-math.org

3

Nombre _____   Fecha _____

1. Rellena los espacios en blanco para hacer enunciados verdaderos.

a. 4 grupos de cinco = _____   b. 5 grupos de cuatro = _____

    4 cincos = _____   5 cuatros = _____

    $4 \times 5 =$ _____ $5 \times 4 =$ _____

c. $6 + 6 + 6 =$ _____   d. $3 +$ __ $+$ __ $+$ __ $+$ __ $+$ __ $=$ ____

    _____ grupos de seis = _____   6 grupos de _____ = _____

    $3 \times$ _____ $=$ _____ $6 \times$ _____ $=$ _____

EUREKA MATH®   Lección 1:   Comprender los *grupos iguales de* como una multiplicación.   5

2. La siguiente imagen muestra 3 grupos de perros calientes. ¿Muestra la imagen 3 × 3? Explica por qué sí o por qué no.

3. Haz un dibujo para mostrar 4 × 2 = 8.

4. Encierra en un círculo los lápices para mostrar 3 grupos de 6. Escribe un enunciado de multiplicación y una suma repetida para representar la imagen.

Lección 1:   Comprender los *grupos iguales de* como una multiplicación.

EUREKA
MATH

1. Usa la matriz a continuación para contestar las preguntas.

Los corazones están configurados en una matriz y sé que una fila en una matriz va de un lado al otro en línea recta. Hay 5 filas en esta matriz. Cada fila tiene 4 corazones.

a. ¿Cuál es el número de filas? _____5_____

b. ¿Cuál es el número de objetos en cada fila? _____4_____

c. Escribe una expresión de multiplicación para describir la matriz. __5 × 4__

Sé que una expresión de multiplicación es distinta a una ecuación porque no tiene un signo de igualdad.

Puedo escribir la expresión 5 × 4 porque hay 5 filas con 4 corazones en cada fila.

2. Los triángulos a continuación muestran 2 grupos de cuatro.

a. Vuelve a dibujar los triángulos en una matriz que muestre 2 filas de cuatro.

Puedo volver a dibujar los grupos iguales como una matriz. Puedo dibujar 2 filas con 4 triángulos en cada fila.

¡Necesito asegurarme de explicar cómo son iguales *y* cómo son distintos!

b. Compara los grupos de triángulos con tu matriz. ¿Cómo son iguales? ¿Cómo son distintos?

Son iguales porque ambos tienen el mismo número de triángulos, 8. Son distintos porque los triángulos en la matriz están en filas, pero los otros triángulos no están en filas.

Lección 2:   Relacionar la multiplicación con el modelo de matriz.   7

3. Kimberly configura sus 14 marcadores como una matriz. Dibuja una matriz que Kimberly podría hacer.
    Después, escribe una ecuación de multiplicación para describir tu matriz.

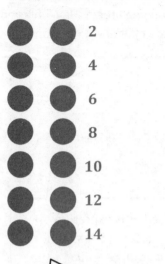

2
4
6
8
10
12
14

$$7 \times 2 = 14$$

Puedo escribir la ecuación escribiendo el número de filas (grupos), 7, multiplicado por el número en cada grupo, 2. El producto (total) es 14.

Este problema no me da el número de filas o el número de objetos en cada fila. Necesito usar el total, 14, para hacer una matriz. Ya que 14 es un número par, voy a hacer filas de 2. Puedo contar salteado de 2 en 2 y parar cuando llegue a 14.

Creo que hay otras matrices que funcionarían para un total de 14. ¡No puedo esperar a ver con qué salieron mis amigos!

EUREKA
MATH

Nombre _____   Fecha _____

Usa las matrices a continuación para responder cada conjunto de preguntas.

1.

    a.   ¿Cuántas filas de borradores hay? _____

    b.   ¿Cuántos borradores hay en cada fila? _____

2.

    a.   ¿Cuántas filas hay? _____

    b.   ¿Cuántos objetos hay en cada fila? _____

3.

    a.   Hay 3 cuadrados en cada fila. ¿Cuántos cuadrados hay en 5 filas? _____

    b.   Escribe una expresión de multiplicación que describa la matriz. _____

4.

    a.   Hay 6 filas de estrellas. ¿Cuántas estrellas hay en cada fila? _____

    b.   Escribe una expresión de multiplicación que describa la matriz. _____

EUREKA MATH®

Lección 2:   Relacionar la multiplicación con el modelo de matriz.

© 2019 Great Minds®. eureka-math.org

9

5. Los triángulos a continuación muestran 3 grupos de cuatro.

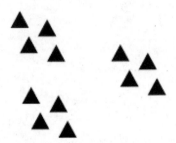

a. Vuelve a dibujar los triángulos como una matriz que muestre 3 filas de cuatro.

b. Compara el dibujo con tu matriz. ¿En qué son iguales? ¿En qué son diferentes?

6. Roger tiene una colección de sellos. Arregla los sellos en 5 filas de cuatro. Dibuja una matriz que represente los sellos de Roger. Luego, escribe una ecuación de multiplicación que describa la matriz.

7. Kimberly arregla sus 18 marcadores como una matriz. Dibuja una matriz que podría hacer Kimberly. Luego, escribe una ecuación de multiplicación que describa tu matriz.

Lección 2:   Relacionar la multiplicación con el modelo de matriz.

© 2019 Great Minds®. eureka-math.org

EUREKA
MATH®

1. Hay __3__ manzanas en cada canasta. ¿Cuántas manzanas hay en 6 canastas?

    a. Número de grupos: _____6_____   Tamaño de cada grupo: _____3_____

    b. 6 × ____3____ = ____18____

    c. Hay ____18____ manzanas en total.

> Cada círculo representa 1 canasta de manzanas. Hay 6 círculos con 3 manzanas en cada círculo. El número de grupos es 6 y el tamaño de cada grupo es 3. Hay 18 manzanas en total. Puedo mostrar esto con la ecuación $6 \times 3 = 18$.

2. Hay 3 bananas en cada fila. ¿Cuántas bananas hay en __4__ filas?

    a. Número de filas: ____4____   Tamaño de cada fila: ____3____

    b. ____4____ × 3 = ____12____

    c. Hay ____12____ bananas en total.

> Puedo mostrar esto con la ecuación $4 \times 3 = 12$. El 4 en la ecuación es el número de filas y 3 es el tamaño de cada fila.

Lección 3:   Interpretar el significado de los factores, el tamaño del grupo o el número de grupos.

11

Los factores me dan el número de grupos y el tamaño de cada grupo. Puedo dibujar una matriz con 3 filas y 5 en cada fila.

3. Dibuja una matriz usando los factores 3 y 5. Después, muestra un vínculo numérico en el que cada parte represente la cantidad en una fila.

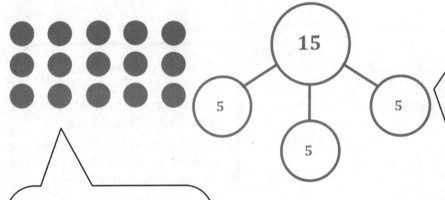

Mi matriz muestra 3 filas de 5. Pude haber usado los mismos factores, 3 y 5, para dibujar una matriz con 5 filas de 3. Entonces mi vínculo numérico hubiera tenido 5 partes y cada parte tendría un valor de 3.

Un vínculo numérico muestra una relación de parte–todo. Puedo dibujar un vínculo numérico con un total de 15 porque hay 15 puntos en mi matriz. Puedo dibujar 3 partes para mi vínculo numérico porque hay 3 filas en mi matriz. Puedo marcar cada parte en mi vínculo numérico como 5 porque el tamaño de cada fila es 5.

Lección 3:   Interpretar el significado de los factores, el tamaño del grupo o el número de grupos.

© 2019 Great Minds®. eureka-math.org

EUREKA MATH

Nombre _____   Fecha _____

Resuelve los problemas del 1 al 4 usando las imágenes proporcionadas para cada problema.

1. Hay 5 pinas en cada grupo. ¿Cuántas pinas hay en 5 grupos?

    a. Total de grupos _____   Tamaño de cada grupo: _____

    b. $5 \times 5 =$ _____

    c. Hay _____ pinas en total.

_____

2. Hay _____ manzanas en cada cesta. ¿Cuántas manzanas hay en 6 cestas?

    a. Total de grupos _____   Tamaño de cada grupo: _____

    b. $6 \times$ _____ = _____

    c. Hay _____ manzanas en total.

EUREKA MATH®

© 2019 Great Minds®. eureka-math.org

3. Hay 4 plátanos en cada fila. ¿Cuántos plátanos hay en _____ filas?

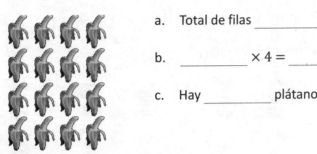

     a. Total de filas _____   Tamaño de cada fila: _____

     b. _____ × 4 = _____

     c. Hay _____ plátanos en total.

4. Hay _____ pimientos en cada fila. ¿Cuántos pimientos hay en 6 filas?

     a. Total de filas _____   Tamaño de cada fila: _____

     b. _____ × _____ = _____

     c. Hay _____ pimientos en total.

5. Dibuja una matriz usando los factores 4 y 2. Después, muestra un vínculo numérico donde cada parte representa la cantidad en una fila.

Lección 3:   Interpretar el significado de los factores, el tamaño del grupo o el número de grupos.

EUREKA MATH

1. Llena los espacios en blanco.

Los pollos están ordenados en una matriz. Sé que hay 12 pollos divididos equitativamente en 3 grupos ya que cada fila representa 1 grupo igual. Cada grupo (fila) tiene 4 pollos. Entonces, la respuesta en mi expresión de división, 4, representa el tamaño del grupo.

___12___ pollos se dividen en ___3___ grupos iguales.

Hay ___4___ pollos en cada grupo.

12 ÷ 3 = ___4___

2. Grace tiene 16 marcadores. La imagen muestra cómo los colocó en la mesa. Escribe una expresión de división para representar cómo agrupó sus marcadores equitativamente.

Hay ___4___ marcadores en cada fila.

___16___ ÷ ___4___ = ___4___

Puedo escribir el número total de marcadores que tiene Grace, 16, ya que una ecuación de división empieza con el total.

El 4 representa el número de grupos iguales. Sé que hay 4 grupos iguales porque la matriz muestra 4 filas de marcadores.

Este 4 representa el tamaño del grupo. Lo sé porque la matriz muestra 4 marcadores en cada fila.

Nombre _____ Fecha _____

1.

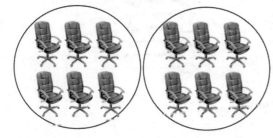

Se han distribuido 12 sillas en 2 grupos iguales.

Hay _____ sillas en cada grupo.

2.

Se han distribuido 21 triángulos en 3 grupos iguales.

Hay _____ triángulos en cada grupo.

3.

Se han distribuido 25 borradores en _____ grupos iguales.

Hay _____ borradores en cada grupo.

4.

Se han distribuido _____ pollos en _____ grupos iguales.
Hay _____ pollos en cada grupo.

$9 \div 3 =$ _____

5.

Hay _____ baldes en cada grupo.

$12 \div 4 =$ _____

6.

$16 \div 4 =$ _____

Lección 4:   Comprender el significado de la incógnita como el tamaño del grupo en la división.

17

EUREKA MATH

7. Andrés tiene 21 llaves. Las distribuye en 3 grupos iguales. ¿Cuántas llaves hay en cada grupo?

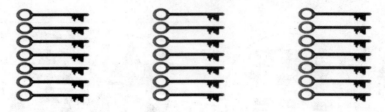

Hay _____ llaves en cada grupo.

21 ÷ 3 = _____

8. El Sr. Doyle tiene 20 lápices. Los distribuye equitativamente en 4 cestas. Dibuja los lápices en cada cuadro.

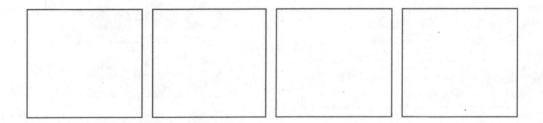

Hay _____ lápices en cada cuadro.

20 ÷ _____ = _____

9. Jenna tiene unos marcadores. El dibujo muestra cómo los colocó en su escritorio. Escribe una división para mostrar cómo agrupó equitativamente sus marcadores.

Hay _____ marcadores en cada fila.

_____ ÷ _____ = _____

Lección 4:   Comprender el significado de la incógnita como el tamaño del grupo
              en la división.

EUREKA
MATH

1. Agrupa los cuadrados para mostrar $8 \div 4 =$ _____ donde la incógnita representa el número de grupos.

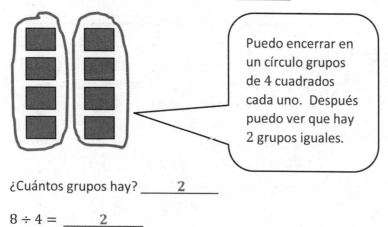

Puedo encerrar en un círculo grupos de 4 cuadrados cada uno. Después puedo ver que hay 2 grupos iguales.

¿Cuántos grupos hay? _____ 2 _____

$8 \div 4 =$ _____ 2 _____

2. Nathan tiene 14 manzanas. Pone 7 manzanas en cada canasta. Encierra en un círculo las manzanas para encontrar el número de canastas que Nathan llena.

Puedo encerrar en un círculo grupos de 7 manzanas para encontrar el número total de canastas que Nathan llena, 2 canastas.

a. Escribe una expresión de división en la que la respuesta represente el número de canastas que Nathan llena.

_____ 14 _____ $\div$ _____ 7 _____ $=$ _____ 2 _____

Puedo escribir una expresión de división que empiece con el número total de manzanas, 14, dividido por el número de manzanas en cada canasta, 7, para encontrar el número de canastas de Nathan, 2. Puedo verificar mi respuesta comparándola con la imagen de arriba que está encerrada en un círculo.

EUREKA MATH

Lección 5: Comprender el significado de la incógnita como el número de grupos en la división.

19

© 2019 Great Minds®. eureka-math.org

b.   Dibuja un vínculo numérico para representar el problema.

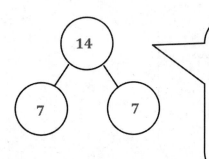

Sé que un vínculo numérico muestra una relación de parte–todo. Puedo identificar el 14 como el todo para representar el número total de las manzanas de Nathan. Después puedo dibujar 2 partes para mostrar el número de canastas que llena Nathan y marcar 7 en cada parte para mostrar el número de manzanas en cada canasta.

3.   Lily dibuja unas mesas. Dibuja 4 patas para cada mesa, con un total de 20 patas.

a.   Usa el método de contar de número en número para encontrar la cantidad de mesas que Lily dibuja. Haz un dibujo que corresponda con tu conteo.

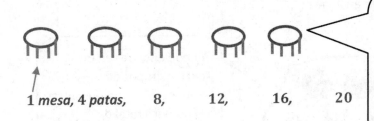

1 mesa, 4 patas,   **8,**   **12,**   **16,**   **20**

Puedo dibujar modelos para representar cada una de las mesas de Lily. A medida que dibujo cada mesa, puedo contar de cuatro en cuatro hasta llegar a 20. Después, puedo contar para encontrar el número de mesas que Lily dibuja, 5 mesas.

b.   Escribe una expresión de división para representar el problema.

___20___ ÷ ___4___ = ___5___   *Lily dibuja 5 mesas.*

Puedo escribir una expresión de división que empiece con el número total de patas, 20, dividido por el número de patas de cada mesa, 4, para encontrar el número de mesas que dibuja Lily, 5. Puedo verificar mi respuesta comparándola con mi imagen y con el método de contar de número en número en la parte (a).

20   Lección 5:   Comprender el significado de la incógnita como el número de grupos en la división.

© 2019 Great Minds®. eureka-math.org

EUREKA MATH

Nombre _____   Fecha _____

1.

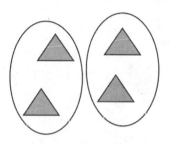

Divide 4 triángulos en grupos de 2.

Hay _____ grupos de 2 triángulos.

$4 \div 2 = 2$

2.

Divide 9 huevos en grupos de 3.

Hay _____ grupos.

$9 \div 3 = $ _____

3.

Divide 12 cubetas de pintura en grupos de 3.

$12 \div 3 = $ _____

4.

Agrupa los cuadrados para mostrar $15 \div 5 = $ _____, donde la incógnita representa el número de grupos.

¿Cuántos grupos hay? _____

EUREKA MATH®

5. Daniel tiene 12 manzanas. Él coloca 6 manzanas en cada bolsa. Encierra en un círculo las manzanas para encontrar el número de bolsas que Daniel hace.

    a. Escribe un enunciado de división donde la respuesta representa el número de bolsas de Daniel.

    b. Dibuja un vínculo numérico para representar el problema.

6. Jacob dibuja gatos. Él dibuja 4 patas en cada gato para un total de 24 patas.

    a. Usa el conteo para encontrar el número de gatos que Jacob dibuja. Haz un dibujo que se relacione con tu conteo.

    b. Escribe un enunciado de división para representar el problema.

Lección 5:   Comprender el significado de la incógnita como el número de grupos en la división.

© 2019 Great Minds®. eureka-math.org

EUREKA MATH

1. Sharon lava 20 tazas. Después seca y agrupa las tazas igualmente en 5 pilas. ¿Cuántas tazas hay en cada pila?

    $20 \div 5 =$ _____4_____

    $5 \times$ _____4_____ $= 20$

> Puedo dibujar una matriz con 5 filas para representar las pilas de tazas de Sharon. Puedo seguir dibujando columnas de 5 puntos hasta tener un total de 20 puntos. El número en cada fila muestra cuántas tazas hay en cada pila.

¿Cúal es el significado del factor desconocido y el cociente?_____*Representa el tamaño del grupo.*_____

> Sé que el cociente es la respuesta que se obtiene cuando se divide un número entre otro número.

> Puedo ver, a través de mi matriz, que el factor desconocido y el cociente representan el tamaño del grupo.

2. John resuelve la ecuación _____ $\times 5 = 35$ escribiendo y resolviendo $35 \div 5 =$ _____. Explica por qué funciona el método de John.

    El método de John funciona porque en ambos problemas hay 7 grupos de 5 y un total de 35. El cociente en una ecuación de división es como encontrar el factor desconocido en una ecuación de multiplicación.

    Los espacios en blanco en las dos ecuaciones de John representan el número de grupos. Dibuja una matriz para representar las ecuaciones.

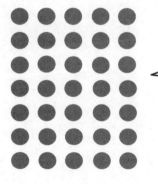

> La respuesta a las dos ecuaciones de John es 7. Sé que 7 representa el número de grupos, así que puedo dibujar 7 filas en mi matriz. Después puedo dibujar 5 puntos en cada fila para mostrar el tamaño del grupo para un total de 35 puntos en mi matriz.

Nombre _____   Fecha _____

1. El Sr. Hannigan pone 12 lápices en cajas. En cada caja entran 4 lápices. Encierra en un círculo grupos de 4 para mostrar los lápices en cada caja.

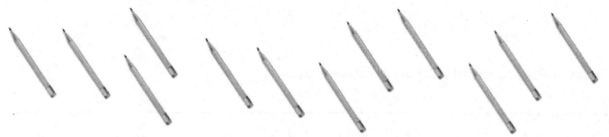

El Sr. Hannigan necesita _____ cajas.

_____ × 4 = 12

12 ÷ 4 = _____

---

2. El Sr. Hannigan coloca 12 lápices en 3 grupos iguales. Dibuja para mostrar cuántos lápices hay en cada grupo.

Hay _____ lápices en cada grupo.

3 × _____ = 12

12 ÷ 3 = _____

---

3. Usa una matriz para representar el Problema 1.

a. _____ × 4 = 12

12 ÷ 4 = _____

El número en el espacio en blanco representa

_____ .

b. 3 × _____ = 12

12 ÷ 3 = _____

El número en el espacio en blanco representa

_____ .

4. Judy lava 24 platos. Luego seca y apila los platos equitativamente en 4 montones. ¿Cuántos platos hay en cada montón?

$24 \div 4 =$

$4 \times$ _____ $= 24$

¿Cuál es el significado del factor desconocido y el cociente? _____

5. Nate resuelve la ecuación _____ $\times 5 = 15$ al escribir y resolver $15 \div 5 =$ _____ . Explica por qué el método de Nate funciona.

6. El espacio en blanco en el Problema 5 representa el número de grupos. Dibuja una matriz para representar las ecuaciones.

Lección 6:   Interpretar la incógnita en la división usando el modelo de matriz.

EUREKA MATH

1. Dibuja una matriz que muestre 5 filas de 2.

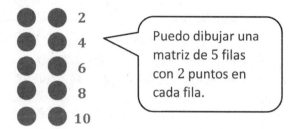

Puedo dibujar una matriz de 5 filas con 2 puntos en cada fila.

Escribe una expresión de multiplicación en la que el primer factor represente el número de filas.

_____5_____ × _____2_____ = _____10_____

Puedo escribir una expresión de multiplicación con 5 como el primer factor porque 5 es el número de filas. El segundo factor es 2 porque hay 2 puntos en cada fila. Puedo contar salteado de 2 en 2 para encontrar el producto, 10.

2. Dibuja una matriz que muestre 2 filas de 5.

Puedo dibujar una matriz de 2 filas con 5 puntos en cada fila.

Escribe una expresión de multiplicación en la que el primer factor represente el número de filas.

_____2_____ × _____5_____ = _____10_____

Puedo escribir una expresión de multiplicación con 2 como el primer factor porque 2 es el número de filas. El segundo factor es 5 porque hay 5 puntos en cada fila. Puedo contar salteado de 5 en 5 para encontrar el producto, 10.

3. ¿Por qué están los factores en tus expresiones de multiplicación en un orden distinto?

Los factores están en un orden distinto porque significan cosas distintas. El Problema 1 es 5 filas de 2 y el Problema 2 es 2 filas de 5. En el Problema 1, el 5 representa el número de filas. En el Problema 2, el 5 representa el número de puntos en cada fila.

Las matrices muestran la propiedad conmutativa. El orden de los factores cambió porque los factores significan cosas diferentes para cada matriz. El producto permaneció igual para cada matriz.

EUREKA MATH®   Lección 7:   Demostrar la propiedad conmutativa de la multiplicación y practicar las operaciones relacionadas al contar objetos de manera salteada en modelos de matriz.   27

© 2019 Great Minds®. eureka-math.org

4. Escribe una expresión de multiplicación que coincida con el número de grupos. Cuenta salteado para encontrar los totales.

a. 7 doses: $7 \times 2 = 14$

b. 2 sietes: $2 \times 7 = 14$

> 7 doses es la forma unitaria. Significa que hay 7 grupos de 2. Puedo representar eso con la ecuación de multiplicación $7 \times 2 = 14$. 2 sietes significa 2 grupos de 7, lo cual puedo representar con la ecuación de multiplicación $2 \times 7 = 14$.

> ¡Veo un patrón! 7 doses es igual a 2 sietes. ¡Es la propiedad conmutativa! Los factores cambiaron de lugar y significan cosas distintas, pero el producto no cambió.

5. Encuentra el factor desconocido para hacer que cada ecuación sea verdadera.

$2 \times 8 = 8 \times \underline{2}$

$\underline{4} \times 2 = 2 \times 4$

> Para hacer ecuaciones verdaderas, necesito asegurarme de que lo que está a la izquierda del signo de igualdad es lo mismo que (o igual a) lo que está a la derecha del signo de igualdad.

> Puedo usar la propiedad conmutativa para ayudarme.
> Sé que $2 \times 8 = 16$ y $8 \times 2 = 16$, así que puedo escribir 2 en el primer espacio en blanco. Para resolver el segundo problema, sé que $4 \times 2 = 8$ y $2 \times 4 = 8$. Puedo escribir 4 en el espacio en blanco.

Lección 7:   Demostrar la propiedad conmutativa de la multiplicación y practicar las operaciones relacionadas al contar objetos de manera salteada en modelos de matriz.

EUREKA
MATH

Nombre _____   Fecha _____

1. a. Dibuja una matriz que muestre 7 filas de 2. | 2. a. Dibuja una matriz que muestre 2 filas de 7.

    b. Escribe un enunciado de multiplicación en donde el primer factor represente el total de filas.

    _____ × _____ = _____

    b. Escribe un enunciado de multiplicación en donde el primer factor represente el total de filas.

    _____ × _____ = _____

3. a. Voltea tu hoja para ver las matricesdel Problema 1 y 2 de diferentes maneras. ¿En qué se parecen y en qué son diferentes?

    b. ¿Por qué los factoresen tus enunciados de multiplicación están en otro orden?

4. Escribe un enunciado de multiplicación que correspondan con el total de grupos. Cuenta salteado para encontrar los totales. El primer ejercicio ya está resuelto.

    a. 2 dos: __2 × 2 = 4__   d. 2 cuatros: _____   g. 2 cincos: _____

    b. 3 dos: _____   e. 4 dos: _____   h. 6 dos: _____

    c. 2 tres _____   f. 5 dos: _____   i. 2 seis: _____

EUREKA MATH®   Lección 7:   Demostrar la propiedad conmutativa de la multiplicación y practicar las operaciones relacionadas al contar objetos de manera salteada en modelos de matriz.   29

© 2019 Great Minds®. eureka-math.org

5. Escribe y resuelve enunciados de multiplicación en donde el segundo factor represente el tamaño de la fila.

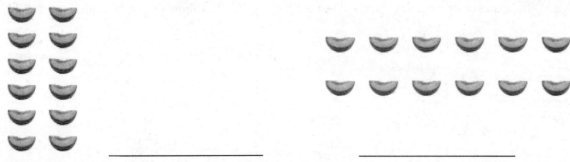

_____   _____

6. Ángel escribe $2 \times 8 = 8 \times 2$ en su cuaderno. ¿Estás de acuerdo o en desacuerdo? Dibuja matrices para explicar tu razonamiento.

7. Encuentra el factor faltante para que la ecuación sea verdadera.

| $2 \times 6 = 6 \times$ _____ | _____ $\times 2 = 2 \times 7$ | $9 \times 2 =$ _____ $\times 9$ | $2 \times$ _____ $= 10 \times 2$ |

8. Tamia compra 2 bolsas de caramelos. Cada bolsa contiene 7 piezas de caramelo.

   a. Dibuja una matriz que muestre cuántos caramelos tiene Tamia en total.

   b. Escribe y resuelve un enunciado de multiplicación que describa la matriz.

   c. Usa la propiedad conmutativa para escribir y resolver diferentes multiplicaciones para la matriz.

Lección 7: Demostrar la propiedad conmutativa de la multiplicación y practicar las operaciones relacionadas al contar objetos de manera salteada en modelos de matriz.

© 2019 Great Minds®. eureka-math.org

EUREKA MATH

1. Encuentra las incógnitas que hagan que la ecuación sea verdadera. Después, dibuja una recta que empareje las operaciones relacionadas.

a. $3 + 3 + 3 + 3 =$ _____12_____

b. $3 \times 7 =$ _____21_____

c. 5 treses + 1 tres = ___6 *treses*___

d. $3 \times 6 =$ _____18_____

e. ___12___ $= 4 \times 3$

f. $21 = 7 \times$ ___3___

> $3 + 3 + 3 + 3$ es lo mismo que 4 treses o 4×3, lo que es igual a 12. Estas ecuaciones se relacionan porque ambas muestran que 4 grupos de 3 equivalen a 12.

> 5 treses + 1 tres = 6 treses. 6 treses es lo mismo que 6 grupos de 3 o 6×3, lo que equivale a 18. Puedo usar la propiedad conmutativa para emparejar esta ecuación con $3 \times 6 = 18$.

> Puedo usar la propiedad conmutativa para emparejar $3 \times 7 = 21$ con $21 = 7 \times 3$.

2. Fred pone 3 calcomanías en cada página de su álbum de calcomanías. Pone calcomanías en 7 páginas.

a. Usa círculos para dibujar una matriz que represente el número total de calcomanías en el álbum de calcomanías de Fred.

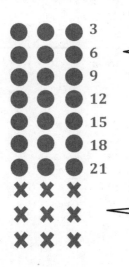

3
6
9
12
15
18
21

> Puedo dibujar una matriz con 7 filas para representar las 7 páginas del álbum de calcomanías. Puedo dibujar 3 círculos en cada fila para representar las 3 calcomanías que Fred pone en cada página.

> Puedo dibujar 3 filas más de 3 para representar las 3 páginas y las 3 calcomanías en cada página que Fred agrega a su álbum en la parte (c).

EUREKA MATH®

Lección 8:   Demostrar la propiedad conmutativa de la multiplicación y practicar las operaciones relacionadas al contar objetos de manera salteada en modelos de matriz.

31

© 2019 Great Minds®. eureka-math.org

b. Usa tu matriz para escribir y resolver una expresión de multiplicación para encontrar el número total de las calcomanías de Fred.

$7 \times 3 = 21$

Fred pone 21 calcomanías en su álbum de calcomanías.

> Puedo escribir la ecuación de multiplicación $7 \times 3 = 21$ para encontrar el total porque hay 7 filas en mi matriz con 3 círculos en cada fila. Puedo usar mi matriz para contar salteado para encontrar el total, 21.

c. Fred le agrega 3 páginas más a su álbum de calcomanías. Él pone 3 calcomanías en cada página nueva. Dibuja $\times$ para mostrar las calcomanías nuevas en la matriz de la parte (a).

d. Escribe y resuelve una expresión de multiplicación para encontrar el nuevo total del número de calcomanías en el álbum de calcomanías de Fred.

$24, 27, 30$

$10 \times 3 = 30$

Fred tiene un total de 30 calcomanías en

su álbum de calcomanías.

> Puedo seguir contando salteado de tres en tres, a partir de de 21, para encontrar el total, 30. Puedo escribir la ecuación de multiplicación $10 \times 3 = 30$ para encontrar el total porque hay 10 filas en mi matriz con 3 en cada fila. El número de filas cambió, pero el tamaño de cada fila siguió siendo el mismo.

Lección 8:   Demostrar la propiedad conmutativa de la multiplicación y practicar las operaciones relacionadas al contar objetos de manera salteada en modelos de matriz.

© 2019 Great Minds®. eureka-math.org

EUREKA MATH®

Nombre _____   Fecha _____

1. Dibuja una matriz que muestre 6 filas de 3.

2. Dibuja una matriz que muestre 3 filas de 6.

3. Escribe las expresiones de multiplicación para las matricesde los problemas 1 y 2. Que el primer factor en cada expresión represente la cantidad de filas. Usa la propiedad conmutativa para asegurarte que la siguiente ecuación es verdadera.

$$\_\_\_ \times \_\_\_\_\_ = \_\_\_\_\_ \times \_\_\_\_\_$$
$$\textbf{Problema 1} \qquad \textbf{Problema 2}$$

4. Escribe un enunciado de multiplicación para cada expresión. Puedes contaren serie para calcular los totales. El primero está resuelto como ejemplo.

a. 5 tres: $\underline{5 \times 3 = 15}$

b. 3 cincos: _____

c. 6 tres: _____

d. 3 seis: _____

e. 7 tres: _____

f. 3 sietes: _____

g. 8 tres: _____

h. 3 nueves: _____

i. 10 tres: _____

5. Encuéntra la incógnita que hace verdaderas las ecuaciones. Luego, dibuja una línea para conectar las operaciones relacionadas.

a. $3 + 3 + 3 + 3 + 3 + 3 =$ _____

b. $3 \times 5 =$ _____

c. 8 tres + 1 tres = _____

d. $3 \times 9 =$ _____

e. _____ $= 6 \times 3$

f. $15 = 5 \times$ _____

EUREKA MATH

Lección 8: Demostrar la propiedad conmutativa de la multiplicación y practicar las operaciones relacionadas al contar objetos de manera salteada en modelos de matriz.

© 2019 Great Minds®. eureka-math.org

33

6. Fernando pone 3 fotos en cada página de álbum de fotos. Pone fotos en 8 páginas

   a. Usa círculos para dibujar una matriz que represente la cantidad total de fotos en el álbum de fotos de Fernando.

   b. Usa tu matriz para escribir un enunciado de multiplicación para calcular la cantidad total de fotos de Fernando.

   c. Fernando agrega 2 páginas mása su álbum. Pone 3 fotos en cada página nueva. Dibuja una × para mostrar cada una de las nuevas fotos en la matriz de la parte (a).

   d. Escribe y resuelve un enunciado de multiplicación para calcular la cantidad total de fotos en el álbum de Fernando.

7. Ivania recicla. Recibe 3 centavos por cada lata que recicla.

   a. ¿Cuánto dinero recibe Ivania si recicla 4 latas?

   _____ × _____ = _____ centavos

   b. ¿Cuánto dinero recibe Ivania si recida 7 latas?

   _____ × _____ = _____ centavos

Lección 8: Demostrar la propiedad conmutativa de la multiplicación y practicar las operaciones relacionadas al contar objetos de manera salteada en modelos de matriz.
© 2019 Great Minds®. eureka-math.org

EUREKA MATH

1. Matt organiza sus tarjetas de béisbol en 3 filas de tres. Jenna agrega 2 filas de 3 tarjetas de béisbol. Completa la ecuación para describir el número total de tarjetas de béisbol en la matriz.

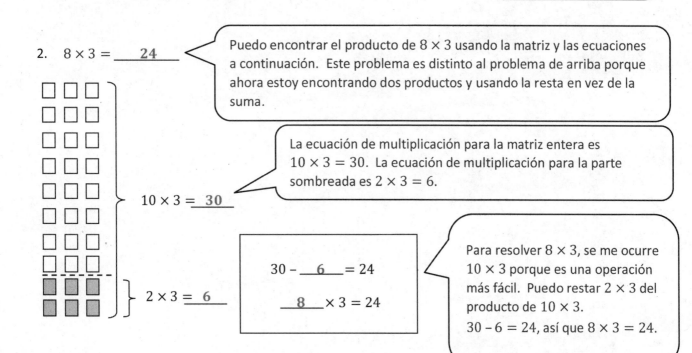

a. $(3 + 3 + 3) + (3 + 3) =$ ___15___

b. 3 treses + ___2___ treses = ___5___ treses

c. ___5___ $\times 3 =$ ___15___

> La ecuación de multiplicación para esta matriz es $5 \times 3 = 15$ porque hay 5 treses o 5 filas de 3, lo que da un total de 15 tarjetas de béisbol.

> El total de las tarjetas de béisbol de Matt (los rectángulos no sombreados) puede representarse con $3 + 3 + 3$ porque hay 3 filas de 3 tarjetas de béisbol. El total de las tarjetas de béisbol de Jenna (los rectángulos sombreados) puede representarse con $3 + 3$ porque hay 2 filas de 3 tarjetas de béisbol. Esto puede representarse en forma unitaria con 3 treses + 2 treses, lo que equivale a 5 treses.

2. $8 \times 3 =$ ___24___

> Puedo encontrar el producto de 8×3 usando la matriz y las ecuaciones a continuación. Este problema es distinto al problema de arriba porque ahora estoy encontrando dos productos y usando la resta en vez de la suma.

> La ecuación de multiplicación para la matriz entera es $10 \times 3 = 30$. La ecuación de multiplicación para la parte sombreada es $2 \times 3 = 6$.

$10 \times 3 = \underline{30}$

$2 \times 3 = \underline{6}$

$30 - \underline{6} = 24$

$\underline{8} \times 3 = 24$

> Para resolver 8×3, se me ocurre 10×3 porque es una operación más fácil. Puedo restar 2×3 del producto de 10×3. $30 - 6 = 24$, así que $8 \times 3 = 24$.

EUREKA MATH®

Nombre _____   Fecha _____

1. Dan organiza sus calcomanías en 3 filas de cuatro. Irene agrega 2 filas más de calcomanías. Completa las ecuaciones para describir el número total de calcomanías en la matriz.

a. $(4 + 4 + 4) + (4 + 4) = $ _____

b. 3 cuatros + _____ cuatros = _____ cuatros

c. _____ $\times 4 = $ _____

2. $7 \times 2 = $ _____

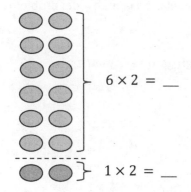

$6 \times 2 = $ __

$1 \times 2 = $ __

$12 + 2 = $ _____

_____ $\times 2 = 14$

3. $9 \times 3 = $ _____

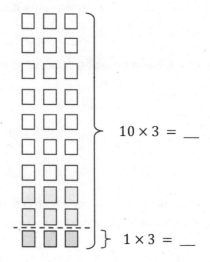

$10 \times 3 = $ __

$1 \times 3 = $ __

$30 - $ _____ $ = 27$

_____ $\times 3 = 27$

Lección 9: Encontrar las operaciones de multiplicación relacionadas sumando y restando grupos iguales en modelos de matriz.

37

EUREKA MATH®

© 2019 Great Minds®. eureka-math.org

4. Franklin recolecta calcomanías. Él organiza sus calcomanías en 5 filas de cuatro.

   a. Dibuja una matriz para representar las calcomanías de Franklin. Usa una × para mostrar cada calcomanía.

   b. Resuelve la ecuación para encontrar el número total de calcomanías de Franklin. $5 \times 4 =$ _____

5. Franklin agrega 2 filas más. Usa círculos para mostrar las nuevas calcomanías en la matriz del problema 4(a).

   a. Escribe y resuelve una ecuación para representar los círculos que agregaron a la matriz.

   _____ $\times 4 =$ _____

   b. Completa la ecuación para mostrar cómo sumar los totales de 2 operaciones de multiplicación para encontrar el número total de calcomanías de Franklin.

   _____ $+$ _____ $= 28$

   c. Completa la incógnita para mostrar el número total de calcomanías de Franklin.

   _____ $\times 4 = 28$

Lección 9:   Encontrar las operaciones de multiplicación relacionadas sumando y restando grupos iguales en modelos de matriz.

© 2019 Great Minds®. eureka-math.org

EUREKA MATH®

1. Usa la matriz para ayudarte a llenar los espacios en blanco.

$6 \times 2 =$ _____12_____

La recta punteada en la matriz muestra cómo puedo descomponer 6×2 en dos operaciones más pequeñas. Después puedo agregar los productos de las operaciones más pequeñas para encontrar el producto de 6×2.

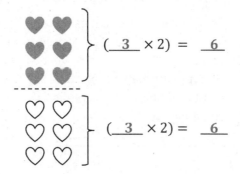

(__3__ × 2) = __6__

(__3__ × 2) = __6__

Sé que el primer factor en cada ecuación es 3 porque hay 3 filas en cada una de las matrices más pequeñas. El producto para cada matriz es 6.

$(3 \times 2) + (3 \times 2) =$ __6__ + __6__

__6__ × 2 = __12__

Las expresiones en los paréntesis representan las matrices más pequeñas. Puedo sumar los productos de estas expresiones para encontrar el número total de corazones en la matriz. Los productos de las expresiones más pequeñas son 6.
$6 + 6 = 12$, así que
$6 \times 2 = 12$.

¡Hey, mira! ¡Es una operación de dobles!
$6 + 6 = 12$. ¡Sé mis operaciones de dobles, así que esto es fácil de resolver!

EUREKA MATH®   Lección 10:   Modelar la propiedad distributiva con matrices para descomponer múltiplos como una estrategia para multiplicar.   39

© 2019 Great Minds®. eureka-math.org

2. Lilly pone calcomanías en un pedazo de papel. Pone 3 calcomanías en cada fila.

   a. Llena las ecuaciones a la derecha. Úsalas para dibujar matrices que muestren las calcomanías en la parte superior e inferior del papel de Lilly.

Sé que hay 3 calcomanías en cada fila y esta ecuación también me dice que hay 12 calcomanías en total en la parte superior del papel. Puedo contar salteado de 3 en 3 para averiguar cuántas filas de calcomanías hay. 3, 6, 9, 12. Conté salteado 4 treses, así que hay 4 filas de 3 calcomanías. Ahora puedo dibujar una matriz con 4 filas de 3.

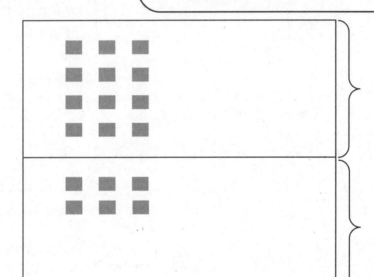

<u> 4 </u> × 3 = 12

<u> 2 </u> × 3 = 6

Veo 6 filas de 3 en total. Puedo usar los productos de estas dos matrices más pequeñas para resolver 6 × 3.

Puedo usar la misma estrategia para encontrar el número de filas en esta ecuación. Conté salteado 2 tres, así que hay 2 filas de 3 calcomanías. Ahora puedo dibujar una matriz con 2 filas de 3.

Lección 10: Modelar la propiedad distributiva con matrices para descomponer múltiplos como una estrategia para multiplicar.

EUREKA MATH®

Nombre _____   Fecha _____

1. $6 \times 3 =$ _____

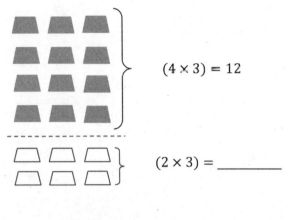

$(4 \times 3) = 12$

$(2 \times 3) =$ _____

12 + _____ = _____

$6 \times 3 =$ _____

2. $8 \times 2 =$ _____

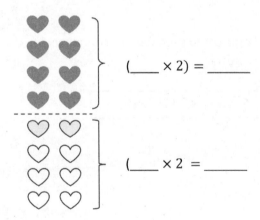

(____ × 2) = _____

(____ × 2 = _____

$(4 \times 2) + (4 \times 2) =$ _____ + _____

____ × 2 = _____

Lección 10:   Modelar la propiedad distributiva con matrices para descomponer
múltiplos como una estrategia para multiplicar.

41

EUREKA
MATH

© 2019 Great Minds®. eureka-math.org

3. Adriana organiza sus libros en los estantes. Pone 3 libros en cada fila.

   a. Completa las ecuaciones de la derecha. Úsalas para ayudarte a dibujar matrices que muestran los libros en los estantes superior e inferior de Adriana.

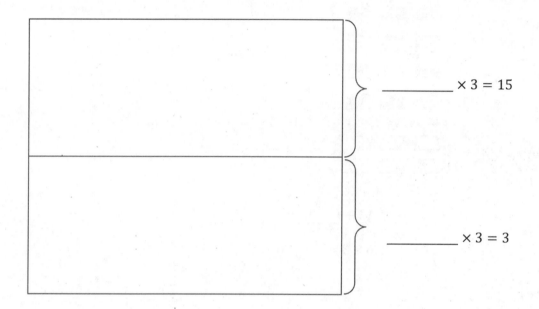

_____ × 3 = 15

_____ × 3 = 3

   b. Adriana calcula el número total de libros como se muestra a continuación. Usa la matriz que dibujaste para ayudarte a explicar el cálculo de Adriana.

$$6 \times 3 = 15 + 3 = 18$$

Lección 10: Modelar la propiedad distributiva con matrices para descomponer múltiplos como una estrategia para multiplicar.

© 2019 Great Minds®. eureka-math.org

EUREKA MATH®

1. El Sr. Russell organiza 18 sujetapapeles igualmente en 3 cajas. ¿Cuántos sujetapapeles hay en cada caja? Representa el problema con una matriz y con un diagrama de cinta identificado. Muestra cada columna como el número de sujetapapeles en cada caja.

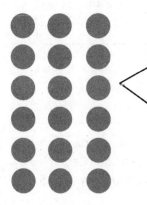

Puedo dibujar una matriz con 3 columnas porque cada columna representa 1 caja de sujetapapeles. Puedo dibujar filas de 3 puntos hasta tener un total de 18 puntos. Puedo contar cuántos puntos hay en cada columna para resolver el problema.

Sé que el número total de sujetapapeles es 18 y hay 3 cajas de sujetapapeles. Necesito averiguar cuántos sujetapapeles hay en cada caja. Puedo pensar en esto como una división, $18 \div 3 =$ ___, o como una multiplicación, $3 \times$ ___ $= 18$.

? sujetapapeles

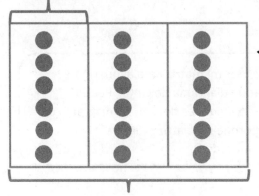

Puedo dibujar 3 unidades en mi diagrama de cinta para representar las 3 cajas de sujetapapeles. Puedo identificar el diagrama de cinta entero con "18 sujetapapeles". Puedo identificar una unidad en el diagrama de cinta con "? sujetapapeles" porque eso es lo que estoy resolviendo. Puedo dibujar 1 punto en cada unidad hasta tener un total de 18 puntos.

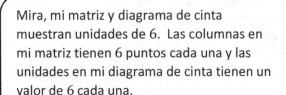

18 *sujetapapeles*

Hay ___6___ sujetapapeles en cada caja.

Mira, mi matriz y diagrama de cinta muestran unidades de 6. Las columnas en mi matriz tienen 6 puntos cada una y las unidades en mi diagrama de cinta tienen un valor de 6 cada una.

Sé que la respuesta es 6 porque mi matriz tiene 6 puntos en cada columna. Mi diagrama de cinta también muestra la respuesta porque hay 6 puntos en cada unidad.

2. Caden lee 2 páginas de su libro cada día. ¿Cuántos días le tomará leer un total de 12 páginas?

Este problema es distinto al otro problema porque la información conocida es el total y el tamaño de cada grupo. Necesito averiguar cuántos grupos hay.

Puedo dibujar una matriz en la que cada columna represente el número de páginas que Caden lee cada día. Puedo seguir dibujando columnas de 2 hasta tener un total de 12.

2 páginas

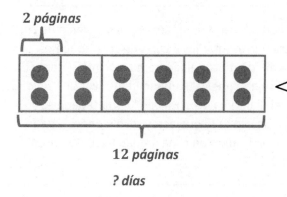

Puedo usar mi matriz para ayudarme a dibujar un diagrama de cinta. Puedo dibujar 6 unidades de 2 en mi diagrama de cinta porque mi matriz muestra 6 columnas de 2.

12 páginas

? días

$12 \div 2 = 6$

Sé que la respuesta es 6 porque mi matriz muestra 6 columnas de 2 y mi diagrama de cinta muestra 6 unidades de 2.

Le tomará a Caden 6 días leer un total de 12 páginas.

Puedo escribir un enunciado para contestar la pregunta.

Lección 11:   Modelar la división como el factor desconocido en la multiplicación utilizando matrices y diagramas de cinta.

EUREKA
MATH

Nombre _____ Fecha _____

1. Fred tiene 10 peras. Pone 2 peras en cada cesta. ¿Cuántas cestas tiene?

   a. Dibuja una matriz donde cada columna represente el número de peras en cada cesta.

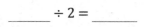

   _____ ÷ 2 = _____

   b. Dibuja nuevamente las peras en cada cesta como una unidad en el diagrama de cinta. Identifica el diagrama con la información conocida y desconocida del problema.

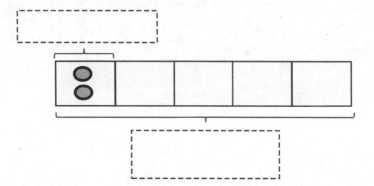

2. La Sra. Meyer organiza 15 portapapeles por igual en 3 cajas. ¿Cuántos portapapeles hay en cada caja? Modela el problema tanto con una matriz como con un diagrama de cinta etiquetado. Muestra cada columna como el número de portapapeles en cada caja.

   Hay portapapeles _____ en cada caja.

Lección 11: Modelar la división como el factor desconocido en la multiplicación utilizando matrices y diagramas de cinta.

© 2019 Great Minds®. eureka-math.org

45

3. Dieciséis figuras de acción están ordenadas por igualen 2 estantes. ¿Cuántas figuras de acción hay en cada estante? Modela el problema tanto con una matriz como con un diagrama de cinta etiquetado. Muestra cada columna como el número de figuras de acción en cada estante.

4. Jasmine guarda 18 sombreros. Pone un número igual de sombreros en 3 estantes. ¿Cuántos sombreros hay en cada estante? Modela el problema tanto con una matriz como con un diagrama de cinta etiquetado. Muestra cada columna como el número de sombreros en cada estante.

5. Corey toma prestados de la biblioteca 2 libros por semana. ¿Cuántas semanas le llevará tomar prestados 14 libros en total?

Modelar la división como el factor desconocido en la multiplicación utilizando matrices y diagramas de cinta.

EUREKA MATH®

1. La Sra. Harris divide 14 flores igualmente entre 7 groups para que los estudiantes las observen. Dibuja flores para encontrar el número en cada grupo. Identifica la información conocida y desconocida en el diagrama de cinta para ayudarte a resolver.

Sé cuál es el número total de flores y el número total de grupos. Necesito resolver el número de flores en cada grupo.

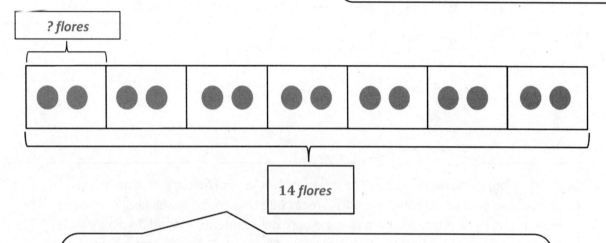

? flores

14 flores

Puedo identificar el valor del diagrama de cinta como "14 flores". El número de unidades en el diagrama de cinta, 7, representa el número de grupos. Puedo identificar la incógnita, o sea el valor de cada unidad, como "? flores". Puedo dibujar 1 flor en cada unidad hasta tener un total de 14 flores. ¡Puedo dibujar puntos en vez de flores para ser más eficiente!

Puedo usar mi diagrama de cinta para resolver el problema contando el número de puntos en cada unidad.

$7 \times \underline{\quad 2 \quad} = 14$

$14 \div 7 = \underline{\quad 2 \quad}$

Hay __2__ flores en cada grupo.

EUREKA MATH®

Lección 12:   Interpretar el cociente como la cantidad de grupos o la cantidad de objetos en cada grupo donde se utilicen unidades de 2.

© 2019 Great Minds®. eureka-math.org

47

2. Lauren encuentra 2 rocas cada día para su colección de rocas. ¿Cuántos días le tomará a Lauren encontrar 16 rocas para su colección de rocas?

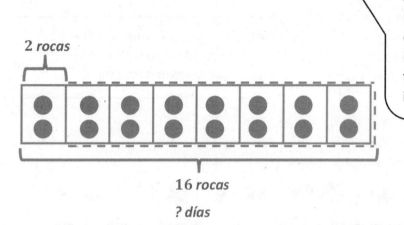

2 *rocas*

16 *rocas*

? días

> Sé que el total es 16 rocas. Sé que Lauren encuentra 2 rocas cada día, lo cual es el tamaño de cada grupo. Necesito averiguar cuántos días le tomará coleccionar 16 rocas. La incógnita es el número de grupos.

> Puedo dibujar un diagrama de cinta para resolver este problema. Puedo dibujar una unidad de 2 para representar las 2 rocas que Lauren recoge cada día. Puedo dibujar una recta punteada para calcular aproximadamente el total de días. Puedo dibujar unidades de 2 hasta tener un total de 16 rocas. Puedo contar el número de unidades para encontrar la respuesta.

$16 \div 2 = 8$

> Sé que la respuesta es 8 porque mi diagrama de cinta muestra 8 unidades de 2.

A Lauren le tomará 8 días encontrar 16 rocas.

> Puedo escribir un enunciado para contestar la pregunta.

Lección 12:   Interpretar el cociente como la cantidad de grupos o la cantidad de objetos en cada grupo donde se utilicen unidades de 2.

© 2019 Great Minds®. eureka-math.org

EUREKA MATH

Nombre _____   Fecha _____

1. Diez personas esperan en la cola para la montaña rusa. Dos personas se sientan en cada carro. Encierra en un círculo para encontrar el número totalde carros necesarios.

$10 \div 2 =$ _____

Se necesitan _____ carros.

2. El Sr. Ramírez reparte por igual 12 ranas en 6 grupos de estudiantes para que las estudien. Dibuja ranas para encontrar el número en cadagrupo. Identifica la información conocida y desconocida en el diagrama de cinta como ayuda para solucionar.

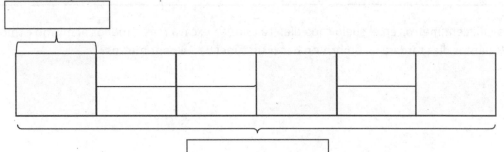

$6 \times$ _____ $= 12$

$12 \div 6 =$ _____

Hay _____ ranas en cada grupo.

3. Relaciona.

EUREKA MATH   Lección 12:   Interpretar el cociente como la cantidad de grupos o la cantidad de objetos en cada grupo donde se utilicen unidades de 2.   49

© 2019 Great Minds®. eureka-math.org

4. Betsy vierte 16 tazas de agua para llenar 2 botellas equitativamente. ¿Cuántas tazas de agua hay en cada botella? Identifica el diagrama de cinta para representar el problema, incluyendo la incógnita.

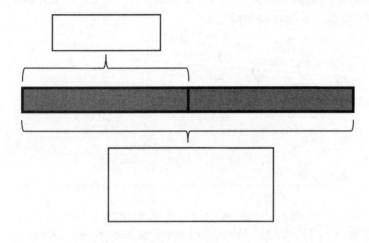

Hay _____ tazas de agua en cada botella.

_____

5. Una lombriz excava 2 centímetros en el suelo cada día. La lombriz excava más o menos al mismo ritmo todos los días. ¿Cuántos días tardará la lombriz en hacer un túnel de 14 centímetros?

_____

6. Sebastián y Teshawn van al cine. Las entradas cuestan $16 en total. Los chicos comparten el costo por igual. ¿Cuánto paga Teshawn?

Lección 12:   Interpretar el cociente como la cantidad de grupos o la cantidad de
objetos en cada grupo donde se utilicen unidades de 2.

EUREKA
MATH

1. Los peces mascota del Sr. Stroup aparecen a continuación. Él mantiene 3 peces en cada pecera.

    a. Encierra en círculos para mostrar cuántas peceras tiene. Después, cuenta salteado para encontrar el número total de peces.

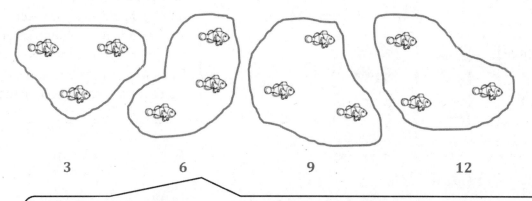

3   6   9   12

> Puedo encerrar en círculos grupos de 3 peces y contar salteado de 3 en 3 para encontrar el número total de peces. Puedo contar el número de grupos para averiguar cuántas peceras tiene el Sr. Stroup.

El Sr. Stroup tiene un total de 12 peces en 4 peceras.

    b. Dibuja e identifica un diagrama de cinta para representar el problema.

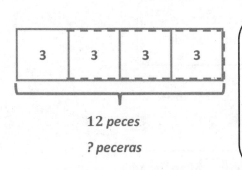

| 3 | 3 | 3 | 3 |

12 peces

? peceras

> Puedo usar la imagen en la parte (a) para ayudarme a dibujar un diagrama de cinta. Cada pecera tiene 3 peces, así que puedo identificar cada unidad con el número 3. Puedo dibujar una recta punteada para calcular aproximadamente el total de peceras. Puedo identificar el total como 12 peces. Después puedo dibujar unidades de 3 hasta tener un total de 12 peces.

> La imagen y el diagrama de cinta muestran que hay 4 peceras. La imagen muestra 4 grupos iguales de 3 y el diagrama de cinta muestra 4 unidades de 3.

__12__ ÷ 3 = __4__

El Sr. Stroup tiene __4__ peceras.

Lección 13: Interpretar el cociente como la cantidad de grupos o la cantidad de objetos en cada grupo usando unidades de 3.

51

© 2019 Great Minds®. eureka-math.org

2. Una maestra tiene 21 lápices. Se dividen igualmente entre 3 estudiantes. ¿Cuántos lápices recibe cada estudiante?

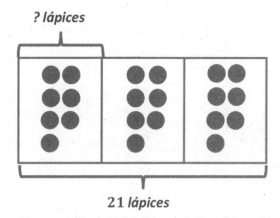

? lápices

21 *lápices*

Puedo dibujar un diagrama de cinta para resolver este problema. Puedo dibujar 3 unidades para representar los 3 estudiantes. Puedo identificar el número total de lápices como 21 lápices. Necesito averiguar cuántos lápices recibe cada estudiante.

Sé que puedo dividir 21 entre 3 para resolver. No sé cuánto es $21 \div 3$, así que puedo dibujar un punto en cada unidad hasta tener un total de 21 puntos. Puedo contar el número de puntos en una unidad para encontrar el cociente.

$21 \div 3 = 7$

Sé que la respuesta es 7 porque mi diagrama de cinta muestra 3 unidades de 7.

Cada estudiante recibirá 7 lápices.

Puedo escribir un enunciado para contestar la pregunta.

Lección 13:   Interpretar el cociente como la cantidad de grupos o la cantidad de objetos en cada grupo usando unidades de 3.

EUREKA MATH

Nombre _____   Fecha _____

1. Rellena los espacios en blanco para hacer enunciados numéricos verdaderos.

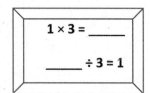

$2 \times 3 = 6$

$6 \div 3 =$ _____

$1 \times 3 =$ _____

_____ $\div 3 = 1$

$7 \times 3 =$ _____

_____ $\div 3 = 7$

$9 \times 3 =$ _____

_____ $\div 3 = 9$

2. A continuación, se muestran los peces de acuario de la Srta. Gillette. Ella mantiene 3 peces en cada pecera.

    a. Encierra en un círculo para mostrar cuántas peceras tiene ella. Luego, cuenta salteado para encontrar el número total de peces.

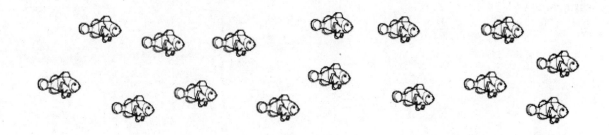

    b. Dibuja e identifica un diagrama de cinta para representar el problema.

_____ $\div 3 =$ _____

La Srta. Gillette tiene _____ peceras.

3. Juan compra 18 metros de alambre. Él corta el alambre en pedazos que tienen 3 metros de largo cada uno. ¿Cuántos pedazos de alambre corta?

4. Un maestro tiene 24 lápices. Son divididos por igual entre 3 estudiantes. ¿Cuántos lápices recibe cada estudiante?

5. Hay 27 estudiantes de tercer grado en grupos de 3. ¿Cuántos grupos de estudiantes de tercer grado hay?

Lección 13:   Interpretar el cociente como la cantidad de grupos o la cantidad de objetos en cada grupo usando unidades de 3.

© 2019 Great Minds®. eureka-math.org

EUREKA
MATH

1. La Sra. Smith reemplaza 4 ruedas de 3 automóviles. ¿Cuántas ruedas reemplaza? Dibuja e identifica un diagrama de cinta para resolver.

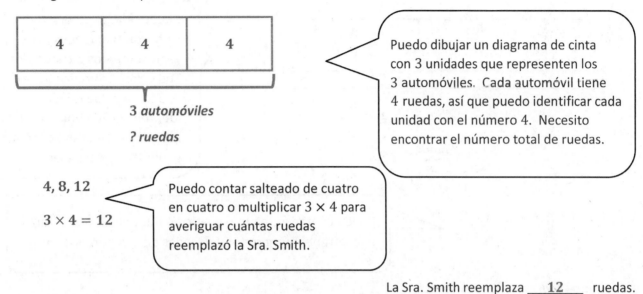

| 4 | 4 | 4 |

3 *automóviles*

? *ruedas*

4, 8, 12

$3 \times 4 = 12$

Puedo dibujar un diagrama de cinta con 3 unidades que representen los 3 automóviles. Cada automóvil tiene 4 ruedas, así que puedo identificar cada unidad con el número 4. Necesito encontrar el número total de ruedas.

Puedo contar salteado de cuatro en cuatro o multiplicar 3×4 para averiguar cuántas ruedas reemplazó la Sra. Smith.

La Sra. Smith reemplaza ___12___ ruedas.

2. Thomas hace 4 collares. Cada collar tiene 7 cuentas. Dibuja e identifica un diagrama de cinta para mostrar el número total de cuentas que Thomas usa.

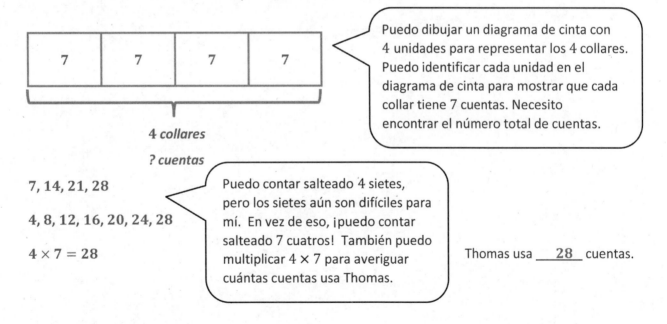

| 7 | 7 | 7 | 7 |

4 *collares*

? *cuentas*

7, 14, 21, 28

4, 8, 12, 16, 20, 24, 28

$4 \times 7 = 28$

Puedo dibujar un diagrama de cinta con 4 unidades para representar los 4 collares. Puedo identificar cada unidad en el diagrama de cinta para mostrar que cada collar tiene 7 cuentas. Necesito encontrar el número total de cuentas.

Puedo contar salteado 4 sietes, pero los sietes aún son difíciles para mí. En vez de eso, ¡puedo contar salteado 7 cuatros! También puedo multiplicar 4×7 para averiguar cuántas cuentas usa Thomas.

Thomas usa ___28___ cuentas.

EUREKA MATH

Lección 14:   Contar objetos de manera salteada en modelos para desarrollar fluidez con operaciones de multiplicación usando unidades de 4.

55

© 2019 Great Minds®. eureka-math.org

3. Encuentra el número total de lados de 6 cuadrados.

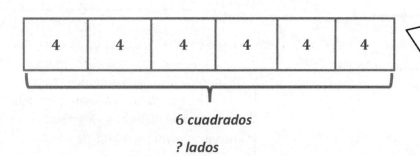

6 cuadrados

? lados

Puedo dibujar un diagrama de cinta con 6 unidades para representar los 6 cuadrados. Todos los cuadrados tienen 4 lados, así que puedo identificar cada unidad con el número 4. Necesito encontrar el número total de lados.

4, 8, 12, 16, 20, 24

$6 \times 4 = 24$

Puedo contar salteado 6 cuatros o multiplicar 6×4 para encontrar el número total de lados de 6 cuadrados.

Hay 24 lados en 6 cuadrados.

Lección 14:   Contar objetos de manera salteada en modelos para desarrollar fluidez con operaciones de multiplicación usando unidades de 4.

EUREKA MATH

Nombre _____ Fecha _____

1. Cuenta de cuatro en cuatro. Relaciona cada respuesta con la expresión adecuada.

				Respuestas		Expresiones
🧸	🧸	🧸	🧸	**4**		2 × 4
🧸	🧸	🧸	🧸			7 × 4
🧸	🧸	🧸	🧸			4 × 4
🧸	🧸	🧸	🧸			8 × 4
🧸	🧸	🧸	🧸			10 × 4
🧸	🧸	🧸	🧸			1 × 4
🧸	🧸	🧸	🧸			9 × 4
🧸	🧸	🧸	🧸			3 × 4
🧸	🧸	🧸	🧸			6 × 4
🧸	🧸	🧸	🧸			5 × 4

EUREKA MATH®

Lección 14: Contar objetos de manera salteada en modelos para desarrollar fluidez con operaciones de multiplicación usando unidades de 4.

57

2. Lisa colocó 5 filas de 4 cajas de jugo en el refrigerador. Dibuja una matriz y cuenta salteado para encontrar el número total de cajas de jugo.

Hay _____ cajas de jugo en total.

3. Seis carpetas se colocaron en cada mesa. ¿Cuántas carpetas hay en 4 mesas? Dibuja y nombra un diagrama de cinta para resolverlo.

4. Encuentra el número total de lados en 8 cuadrados.

Lección 14:   Contar objetos de manera salteada en modelos para desarrollar fluidez con operaciones de multiplicación usando unidades de 4.

EUREKA MATH

1. Identifica los diagramas de cinta y completa las ecuaciones. Después, dibuja una matriz para representar los problemas.

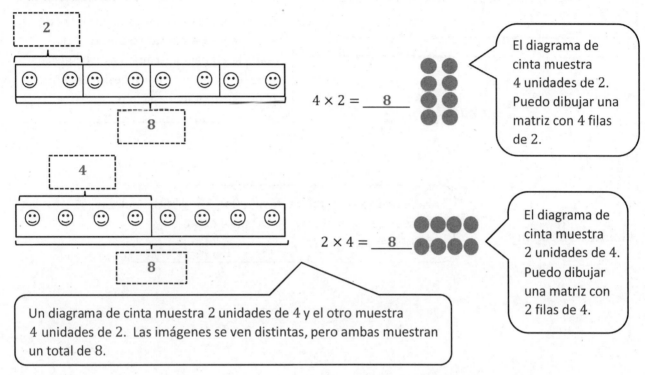

$4 \times 2 =$ ___8___

El diagrama de cinta muestra 4 unidades de 2. Puedo dibujar una matriz con 4 filas de 2.

$2 \times 4 =$ ___8___

El diagrama de cinta muestra 2 unidades de 4. Puedo dibujar una matriz con 2 filas de 4.

Un diagrama de cinta muestra 2 unidades de 4 y el otro muestra 4 unidades de 2. Las imágenes se ven distintas, pero ambas muestran un total de 8.

2. 8 libros cuestan $4 cada uno. Dibuja e identifica un diagrama de cinta para mostrar el costo total de los libros.

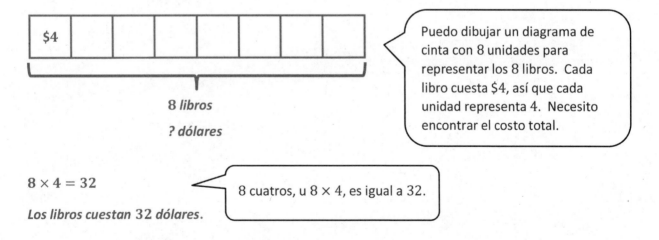

8 libros

? dólares

Puedo dibujar un diagrama de cinta con 8 unidades para representar los 8 libros. Cada libro cuesta $4, así que cada unidad representa 4. Necesito encontrar el costo total.

$8 \times 4 = 32$

8 cuatros, u 8×4, es igual a 32.

Los libros cuestan 32 dólares.

3. Liana lee 8 páginas de su libro todos los días. ¿Cuántas páginas lee Liana en 4 days?

4 días

? páginas

Puedo dibujar un diagrama de cinta con 4 unidades para representar los 4 días. Liana lee 8 páginas cada día, así que cada unidad representa 8. Necesito encontrar el número total de páginas.

$4 \times 8 = 32$

Liana lee 32 páginas.

Acabo de resolver 8×4 y sé que $8 \times 4 = 4 \times 8$. Si 8 cuatros es igual a 32, entonces 4 ochos también es igual a 32.

Lección 15:   Relacionar matrices con diagramas de cinta para modelar la propiedad conmutativa de la multiplicación.

EUREKA MATH

Nombre _____   Fecha _____

1. Identifica los diagramas de cinta y completa las ecuaciones. Luego, dibuja una matriz para representar los problemas.

   a.

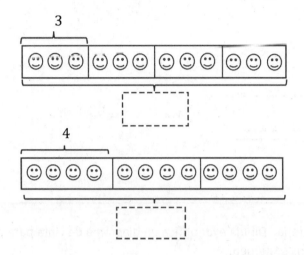

$4 \times 3 =$ _____

$3 \times 4 =$ _____

---

   b.

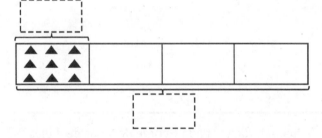

$4 \times$ _____ $=$ _____

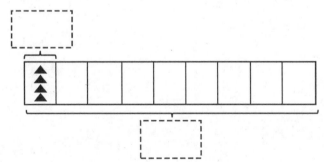

_____ $\times 4 =$ _____

EUREKA MATH®

Lección 15:   Relacionar matrices con diagramas de cinta para modelar la propiedad conmutativa de la multiplicación.

© 2019 Great Minds®. eureka-math.org

61

c.

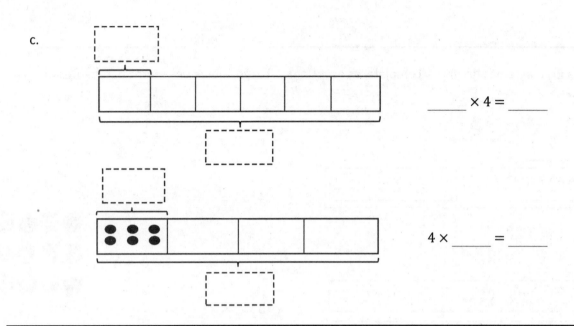

_____ × 4 = _____

4 × _____ = _____

2. Siete payasos sostienen 4 globos cada uno en la feria. Dibuja e identifica un diagrama de cinta para mostrar el número total de globos que los payasos sostienen.

3. George nada 7 vueltas en la piscina cada día. ¿Cuántas vueltas nada George después de 4 días?

Lección 15:   Relacionar matrices con diagramas de cinta para modelar la
                          propiedad conmutativa de la multiplicación.

EUREKA
MATH

1. Identifica la matriz. Después, llena los espacios en blanco a continuación para hacer que las expresiones numéricas sean verdaderas.

$8 \times 3 =$ __24__

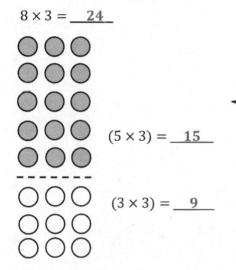

$(5 \times 3) =$ __15__

$(3 \times 3) =$ __9__

> Sé que puedo descomponer 8 treses en 5 treses y 3 treses. Puedo sumar los productos de 5×3 y 3×3 para encontrar el producto de 8×3.

$$8 \times 3 = (5 \times 3) + (3 \times 3)$$
$$= \underline{\quad 15 \quad} + \underline{\quad 9 \quad}$$
$$= \underline{\quad 24 \quad}$$

2. La matriz a continuación muestra una estrategia para resolver 8×4. Explica la estrategia usando tus propias palabras.

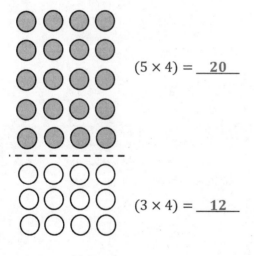

$(5 \times 4) =$ __20__

$(3 \times 4) =$ __12__

> 8×4 es una operación que me es difícil resolver, pero 5×4 y 3×4 son operaciones bastante fáciles. ¡Puedo usarlas como ayuda!

Separo las 8 filas de 4 en 5 filas de 4 y 3 filas de 4. Separo la matriz ahí porque mis operaciones con el cinco y mis operaciones con el tres son más fáciles que mis operaciones con el ocho. Sé que $5 \times 4 = 20$ y $3 \times 4 = 12$. Puedo sumar esos productos para descubrir que $8 \times 4 = 32$.

EUREKA MATH®

Lección 16: Usar la propiedad distributiva como estrategia para encontrar operaciones de multiplicación relacionadas.

63

© 2019 Great Minds®. eureka-math.org

Nombre _____   Fecha _____

1. Identifica la matriz. Luego, rellena los espacios en blanco para hacer enunciados numéricos verdaderos.

a. **6 × 4 =** _____

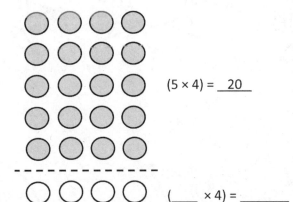

(5 × 4) = __20__

(_____ × 4) = _____   **(6 × 4)** = (5 × 4) + (_____ × 4)

= __20__ + _____

= _____

b. **8 × 4 =** _____

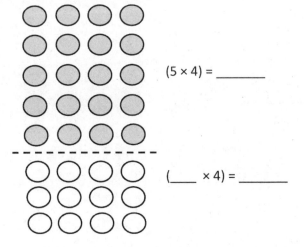

(5 × 4) = _____

(_____ × 4) = _____

(8 × 4) = (5 × 4) + (_____ × 4)

= _____ + _____

= _____

EUREKA MATH

Lección 16: Usar la propiedad distributiva como estrategia para encontrar operaciones de multiplicación relacionadas.

© 2019 Great Minds®. eureka-math.org

65

2. Relaciona las expresiones de multiplicación con sus respuestas.

3. La siguiente matriz muestra una estrategia para resolver 9×4. Explica la estrategia usando tus propias palabras.

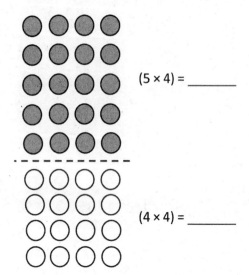

$(5 \times 4) = $ _____

$(4 \times 4) = $ _____

Lección 16:   Usar la propiedad distributiva como estrategia para encontrar
operaciones de multiplicación relacionadas.

EUREKA MATH

1. La panadera empaca 20 panecillos en cajas de 4. Dibuja e identifica un diagrama de cinta para encontrar el número de cajas que empaca.

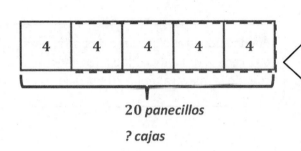

20 *panecillos*

? cajas

$20 \div 4 = \underline{\quad 5 \quad}$

La panadera empaca 5 cajas.

> Puedo dibujar un diagrama de cinta. Cada caja tiene 4 panecillos, así que puedo dibujar una unidad e identificarla como 4. Puedo dibujar una recta punteada para aproximar el número total de cajas, porque a aún no sé cuántas cajas hay. Sé cuál es el total, así que identificaré eso como 20 panecillos. Lo resolveré dibujando unidades de 4 en la parte punteada de mi diagrama de cinta hasta tener un total de 20 panecillos. Después puedo contar el número de panecillos para ver cuántas cajas de panecillos empaca la panadera.

2. El mesero organiza 12 platos en 4 filas iguales. ¿Cuántos platos hay en cada fila?

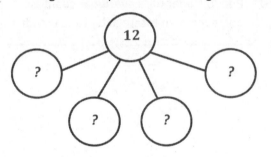

> Puedo usar un vínculo numérico para resolverlo. Sé que el número total de platos es 12 y que los 12 platos están en 4 filas. Cada parte en el vínculo numérico representa una fila de platos.

$12 \div 4 = \underline{\quad 3 \quad}$

$3 \times 4 = \underline{\quad 12 \quad}$

> Puedo dividir para resolverlo. También puedo pensar en esto como multiplicación con un factor desconocido.

Hay 3 platos en cada fila.

3. Una maestra tiene 20 borradores. Los divide igualmente entre 4 estudiantes. Ella encuentra 12 borradores más y también los divide igualmente entre los 4 estudiantes. ¿Cuántos borradores recibe cada estudiante?

20 borradores

$20 \div 4 =$ ___5___

Puedo encontrar el número de borradores que cada estudiante recibe inicialmente cuando la maestra tenía 20 borradores.

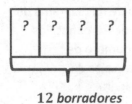

12 borradores

$12 \div 4 =$ ___3___

Puedo averiguar cuántos borradores recibe cada estudiante cuando la maestra encuentra 12 borradores más.

5 borradores+ *3 borradores*= ___8___ *borradores*.

Cada estudiante recibe 8 borradores.

Puedo sumar para averiguar cuántos borradores en total recibe cada estudiante.

EUREKA MATH

Nombre _____ Fecha _____

1. Usa la matriz para completar las ecuaciones asociadas.

$1 \times 4 =$ _____   _____ $\div 4 = 1$

$2 \times 4 =$ _____   _____ $\div 4 = 2$

_____ $\times 4 = 12$ $12 \div 4 =$ _____

_____ $\times 4 = 16$ $16 \div 4 =$ _____

_____ $\times$ _____ $= 20$ $20 \div$ _____ $=$ _____

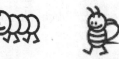

_____ $\times$ _____ $= 24$ $24 \div$ _____ $=$ _____

_____ $\times 4 =$ _____   _____ $\div 4 =$ _____

_____ $\times 4 =$ _____   _____ $\div 4 =$ _____

_____ $\times$ _____ $=$ _____   _____ $\div$ _____ $=$ _____

_____ $\times$ _____ $=$ _____   _____ $\div$ _____ $=$ _____

Lección 17:   Modelar la relación entre la multiplicación y la división.

69

2. El maestro acomoda 32 estudiantes en grupos de 4. ¿Cuántos grupos forma? Resuelve dibujando e identificando un diagrama de cinta.

3. El empleado de la tienda ordena 24 cepillos de dientes en 4 filas iguales. ¿Cuántos cepillos de dientes hay en cada fila?

4. Una maestra de arte tiene 40 pinceles y los distribuye equitativamente entre sus 4 estudiantes. Luego, encuentra 8 pinceles más y los distribuye equitativamente entre sus estudiantes. ¿Cuántos pinceles recibe cada estudiante?

EUREKA MATH

1. Empareja el vínculo numérico de una manzana con la ecuación de una cubeta que muestre el mismo total.

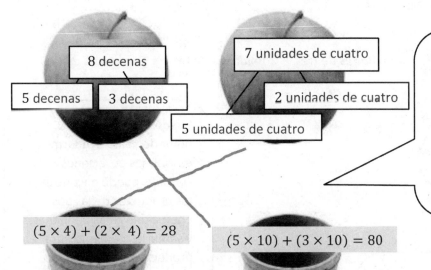

8 decenas

5 decenas   3 decenas

7 unidades de cuatro

2 unidades de cuatro

5 unidades de cuatro

Los vínculos numéricos en las manzanas me ayudan a ver cómo puedo encontrar el total sumando las dos partes más pequeñas. Puedo emparejar las manzanas con las ecuaciones a continuación que muestran las mismas dos partes y el total.

$(5 \times 4) + (2 \times 4) = 28$

$(5 \times 10) + (3 \times 10) = 80$

2. Resuelve.

Puedo pensar en este total como 9 unidades de cuatro. Hay muchas maneras de descomponer 9 unidades de cuatro, pero lo voy a descomponer como 5 unidades de cuatro y 4 unidades de cuatro porque el 5 es un número amigable.

Puedo usar el vínculo numérico para ayudarme a llenar los espacios en blanco. Sumar los **productos** de estas dos operaciones más pequeñas me ayuda a encontrar el producto de la operación más grande.

$9 \times 4 = \underline{\quad 36 \quad}$

9×4

5×4 4×4

$(\underline{\quad 5 \quad} \times 4) + (\underline{\quad 4 \quad} \times 4) = 9 \times 4$

$\underline{\quad 20 \quad} + \underline{\quad 16 \quad} = \underline{\quad 36 \quad}$

$9 \times 4 = \underline{\quad 36 \quad}$

3. Mía resuelve 7 × 3 usando la estrategia de descomponer y distribuir. A continuación, muestra un ejemplo de cómo puede verse el trabajo de Mía.

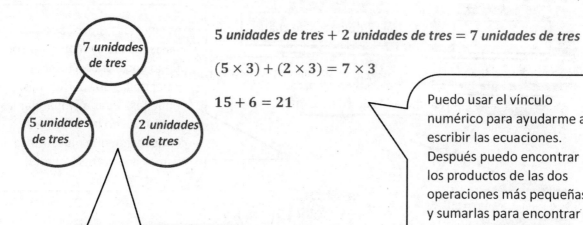

5 *unidades de tres* + 2 *unidades de tres* = 7 *unidades de tres*

$(5 \times 3) + (2 \times 3) = 7 \times 3$

$15 + 6 = 21$

Puedo usar el vínculo numérico para ayudarme a escribir las ecuaciones. Después puedo encontrar los productos de las dos operaciones más pequeñas y sumarlas para encontrar el producto de la operación más grande.

El vínculo numérico me ayuda a ver fácilmente la estrategia de descomponer y distribuir. Puedo pensar en 7 × 3 como 7 unidades de tres. Después puedo descomponerlo como 5 unidades de tres y 2 unidades de tres.

Lección 18:   Aplicar la propiedad distributiva para descomponer unidades.

EUREKA MATH

Nombre _____ Fecha _____

1. Relaciona.

7 decenas
5 decenas | 2 decenas

8 cuatros
5 cuatros | 3 cuatros

9 decenas
6 decenas | 3 decenas

7 tres
5 tres | 2 tres

$(5 \times 4) + (3 \times 4) = 32$

$(5 \times 3) + (2 \times 3) = 21$

$(5 \times 10) + (2 \times 10) = 70$

$(6 \times 10) + (3 \times 10) = 90$

2. $9 \times 4 =$ _____

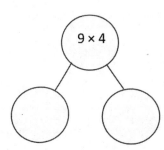
9×4

(_____ × 4) + (_____ × 4) = 9 × 4

_____ + _____ = _____

9 × 4 = _____

3. Lydia hace 10 panqueques. Ella coloca 4 arándanos sobre cada panqueque. ¿Cuántos arándanos usa Lydia en total? Usa la estrategia de separary distribuir y dibuja un vínculo numérico para resolverlo.

Lydia usa _____ arándanos en total.

4. Steven resuelve 7 × 3 usando la estrategia de separary distribuir. Muestra a continuación un ejemplo de cómo se vería el trabajo de Steven.

5. Hay 7 días en 1 semana. ¿Cuántos días hay en 10 semanas?

Lección 18:   Aplicar la propiedad distributiva para descomponer unidades.

EUREKA MATH

1. Resuelve.

$28 \div 4 =$ ___7___

$(28 \div 4) = (20 \div 4) + ($ ___8___ $\div 4)$

$\qquad\qquad = $ ___5___ $+$ ___2___

$\qquad\qquad = $ ___7___

$(20 \div 4) =$ ___5___

$(8 \div 4) =$ ___2___

Esto muestra cómo podemos sumar los cocientes de dos operaciones más pequeñas para encontrar el cociente de la más grande. La matriz me puede ayudar a llenar los espacios en blanco.

Esta matriz muestra un total de 28 triángulos. Veo que la recta punteada separa la matriz después de la quinta fila. Hay 5 unidades de cuatro arriba de la recta punteada y 2 unidades de cuatro abajo de la recta punteada.

Empareja las expresiones iguales.

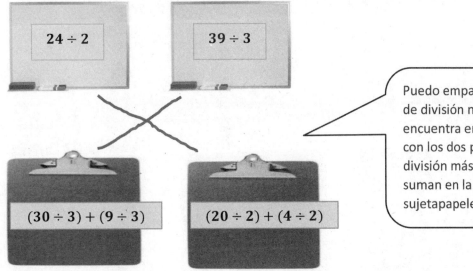

$24 \div 2$

$39 \div 3$

$(30 \div 3) + (9 \div 3)$

$(20 \div 2) + (4 \div 2)$

Puedo emparejar el problema de división más grande que se encuentra en la pizarra blanca con los dos problemas de división más pequeños que se suman en la tabla sujetapapeles de abajo.

2. Chloe dibuja la matriz a continuación para encontrar la respuesta de 48 ÷ 4. Explica la estrategia de Chloe.

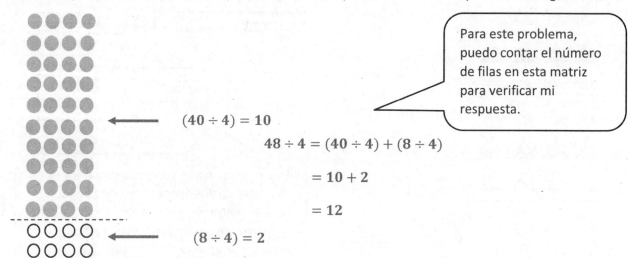

$(40 \div 4) = 10$

$48 \div 4 = (40 \div 4) + (8 \div 4)$

$= 10 + 2$

$= 12$

$(8 \div 4) = 2$

Para este problema, puedo contar el número de filas en esta matriz para verificar mi respuesta.

Chloe descompone 48 como 10 unidades de cuatro y 2 unidades de cuatro. 10 unidades de cuatro es igual a 40 y 2 unidades de cuatro es igual a 8. Entonces ella hace 40 ÷ 4 y 8 ÷ 4 y suma los resultados para llegar a 48 ÷ 4 que es igual a 12.

EUREKA
MATH

Nombre _____   Fecha _____

1. Identifica la matriz. Luego, llena los espacios en blanco para que los enunciados numéricos sean verdaderos.

a.   18 ÷ 3 = _____

(9 ÷ 3) = 3

(9 ÷ 3) = ____

(18 ÷ 3) = (9 ÷ 3) + (9 ÷ 3)

= __3__ + ____

= __6__

b.   21 ÷ 3 = _____

(15 ÷ 3) = 5

(6 ÷ 3) = _____

(21 ÷ 3) = (15 ÷ 3) + (6 ÷ 3)

= __5__ + ____

= ____

c.   24 ÷ 4 = _____

(20 ÷ 4) = _____

(4 ÷ 4) = _____

(24 ÷ 4) = (20 ÷ 4) + (____ ÷ 4)

= _____ + _____

= ____

d.   36 ÷ 4 = _____

(20 ÷ 4) = _____

(16 ÷ 4) = _____

(36 ÷ 4) = (____ ÷ 4) + (____ ÷ 4)

= _____ + _____

= ____

Lección 19:   Aplicar la propiedad distributiva para descomponer unidades.

2. Relaciona las expresiones que son iguales.

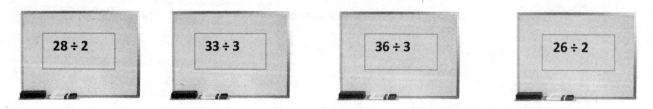

| 28 ÷ 2 | 33 ÷ 3 | 36 ÷ 3 | 26 ÷ 2 |

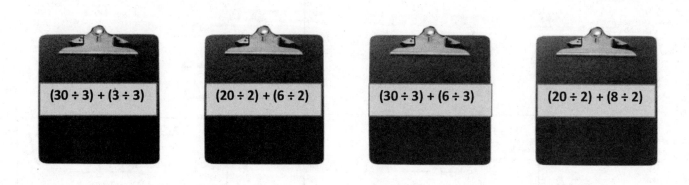

| (30 ÷ 3) + (3 ÷ 3) | (20 ÷ 2) + (6 ÷ 2) | (30 ÷ 3) + (6 ÷ 3) | (20 ÷ 2) + (8 ÷ 2) |

3. Alex dibuja la siguiente matriz para calcular la respuesta de 35 ÷ 5. Explica la estrategia de Alex.

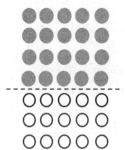

Lección 19:   Aplicar la propiedad distributiva para descomponer unidades.

EUREKA MATH

1. Treinta y cinco estudiantes están almorzando en 5 mesas. Cada mesa tiene el mismo número de estudiantes.

   a. ¿Cuántos estudiantes se sientan en cada mesa?

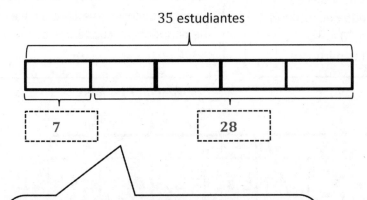

35 estudiantes

7

28

Sé que hay un total de 35 estudiantes almorzando en 5 mesas. Sé que cada mesa tiene el mismo número de estudiantes. Necesito averiguar cuántos estudiantes se sientan en cada mesa. La incógnita es el tamaño de cada grupo.

Cada unidad en mi diagrama de cinta representa 1 mesa. Ya que hay 35 estudiantes y 5 mesas, puedo dividir 35 entre 5 para descubrir que cada mesa tiene 7 estudiantes. Este diagrama de cinta muestra que hay 5 unidades de 7 para un total de 35.

$35 \div 5 = 7$

Hay 7 estudiantes sentados en cada mesa.

   b. ¿Cuántos estudiantes se sientan en 4 mesas?

$4 \times 7 = 28$

Hay 28 estudiantes sentados en 4 mesas.

Ya que ahora sé que hay 7 estudiantes sentados en cada mesa, puedo multiplicar el número de mesas, 4, por 7 para averiguar que hay 28 estudiantes sentados en 4 mesas. Puedo ver esto en el diagrama de cinta: 4 unidades de 7 equivalen a 28.

Puedo escribir una expresión numérica y un enunciado para contestar la pregunta.

Lección 20:   Resolver problemas escritos de dos pasos que involucren la multiplicación y división, y evaluar la lógica de las respuestas.

© 2019 Great Minds®. eureka-math.org

79

2. La tienda tiene 30 cuadernos en paquetes de 3. Se venden seis paquetes de cuadernos. ¿Cuántos paquetes de cuadernos quedan?

Puedo dibujar un diagrama de cinta que muestre 30 cuadernos en paquetes de 3. Puedo encontrar el número total de paquetes dividiendo 30 entre 3 para obtener un total de 10 paquetes de cuadernos.

Sé que el total es 30 cuadernos. Sé que los cuadernos están en paquetes de 3. Primero necesito averiguar cuál es el total de paquetes de cuadernos que hay en la tienda.

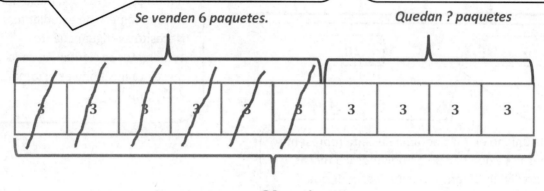

Se venden 6 paquetes.

Quedan ? paquetes

30 cuadernos

? paquetes en total

Ahora que sé que el número total de paquetes es 10, puedo encontrar el número de paquetes que quedan.

$30 \div 3 = 10$

Hay un total de 10 paquetes de cuadernos en la tienda.

$10 - 6 = 4$

Quedan 4 paquetes de cuadernos.

Puedo mostrar los paquetes que se vendieron en mi diagrama de cinta tachando 6 unidades de 3. No se tachan cuatro unidades de 3, así que quedan 4 paquetes de cuadernos. Puedo escribir una ecuación de resta para representar el trabajo en mi diagrama de cinta.

EUREKA MATH

Nombre _____   Fecha _____

1. Jerry compra un paquete de lápices que cuesta $3. David compra 4 juegos de marcadores. Cada juego de marcadores también cuesta $3.

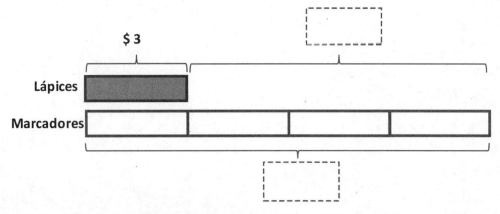

   a. ¿Cuál es el costo total de los marcadores?

   b. ¿Cuánto más gasta David en 4 juegos de marcadores de lo que Jerry gasta en un paquete de lápices?

2. Treinta estudiantes están comiendo el almuerzo en 5 mesas. Cada mesa tiene la misma cantidad de estudiantes.

   a. ¿Cuántos estudiantes están sentados en cada mesa?

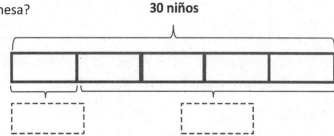

30 niños

   b. ¿Cuántos estudiantes están sentados en 4 mesas?

Lección 20:   Resolver problemas escritos de dos pasos que involucren la multiplicación y división, y evaluar la lógica de las respuestas.

81

EUREKA MATH®

3. La maestra tiene 12 calcomanías verdes y 15 calcomanías púrpuras. A tres estudiantes se les da un número igual de calcomanías de cada color. ¿Cuántas calcomanías verdes y púrpuras recibe cada estudiante?

4. Tres amigos van a recolectar manzanas. Ellos recogen 13 manzanas el sábado y 14 manzanas el domingo. Comparten las manzanas por igual. ¿Cuántas manzanas recibe cada persona?

5. La tienda cuenta con 28 cuadernos en paquetes de 4. Tres paquetes de cuadernos son vendidos. ¿Cuántos paquetes de cuadernos sobran?

Lección 20: Resolver problemas escritos de dos pasos que involucren la multiplicación y división, y evaluar la lógica de las respuestas.

© 2019 Great Minds®. eureka-math.org

EUREKA MATH

1. John tiene una meta de lectura. Saca 3 cajas de 7 libros de la biblioteca. Después de terminarlos, ¡se da cuenta de que superó su propia meta por 5 libros! Identifica los diagramas de cinta para encontrar la meta de lectura de John.

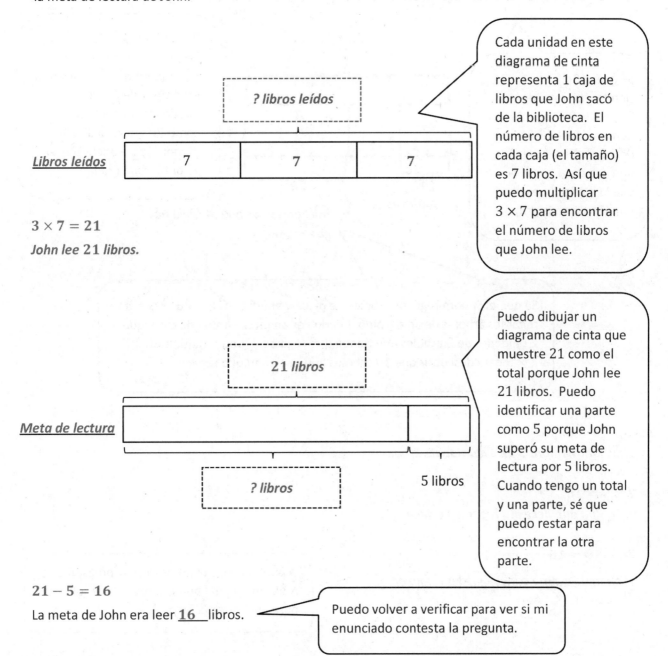

Cada unidad en este diagrama de cinta representa 1 caja de libros que John sacó de la biblioteca. El número de libros en cada caja (el tamaño) es 7 libros. Así que puedo multiplicar 3×7 para encontrar el número de libros que John lee.

Libros leídos

? libros leídos

7 7 7

$3 \times 7 = 21$

John lee 21 libros.

Puedo dibujar un diagrama de cinta que muestre 21 como el total porque John lee 21 libros. Puedo identificar una parte como 5 porque John superó su meta de lectura por 5 libros. Cuando tengo un total y una parte, sé que puedo restar para encontrar la otra parte.

Meta de lectura

21 libros

? libros   5 libros

$21 - 5 = 16$

La meta de John era leer __16__ libros.

Puedo volver a verificar para ver si mi enunciado contesta la pregunta.

Lección 21:   Resolver problemas escritos de dos pasos que involucran las cuatro operaciones y evaluar la lógica de las respuestas.

© 2019 Great Minds®. eureka-math.org

83

2. El Sr. Kim siembra 20 árboles alrededor del estanque del vecindario. Él siembra un número igual de árboles de arce, pino, pícea y abedul. Riega los árboles de pícea y abedul antes del atardecer. ¿Cuántos árboles tiene que regar el Sr. Kim todavía? Dibuja e identifica un diagrama de cinta.

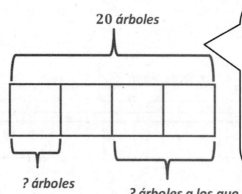

20 árboles

Sé que el Sr. Kim siembra un total de 20 árboles. Él siembra un número igual de 4 tipos de árbol. Este es el número de grupos. Así que la incógnita es el tamaño de cada grupo.

Puedo dibujar un diagrama de cinta que tenga 4 unidades para representar los 4 tipos de árboles. Puedo identificar el todo como 20 y puedo dividir 20 por 4 para encontrar el valor de cada unidad.

? árboles

? árboles a los que todavía hay que regar

Sé que el Sr. Kim regó los árboles de pícea y abedul, así que aun necesita regar los árboles de arce y pino. Puedo ver en mi diagrama de cinta que 2 unidades de 5 árboles aun tienen que regarse. Puedo multiplicar 2 × 5 para descubrir que 10 árboles aun se tienen que regar.

$20 \div 4 = 5$

El Sr. Kim siembra 5 de cada tipo de árbol.

$2 \times 5 = 10$

El Sr. Kim aun necesita regar 10 árboles.

$20 - 10 = 10$

El Sr. Kim aun necesita regar 10 árboles.

O puedo restar el número de árboles que se regaron, 10, del número total de árboles para encontrar la respuesta.

EUREKA MATH

Nombre _____   Fecha _____

1. Tina come 8 galletascomo bocadillo cada día en la escuela. El viernes, se le caen 3 y solo come 5.   Escribe y resuelve una ecuación para mostrar el número total de galletasque Tina come durante la semana.

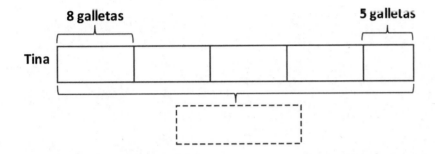

Tina come _____ galletas.

2. Ballio tiene una meta de lectura. Toma prestadas 3 cajas de 9 libros de la biblioteca. ¡Después de terminarlos, se da cuenta que superó su meta por 4 libros! Identifica los diagramas de cinta para encontrarla meta de lectura de Ballio.

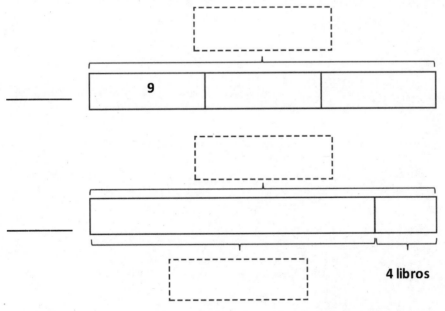

La meta de lectura de Ballio es de _____ libros.

Lección 21:   Resolver problemas escritos de dos pasos que involucran las cuatro operaciones
                y evaluar la lógica de las respuestas.

© 2019 Great Minds®. eureka-math.org

85

3. El Sr. Nguyen planta 24 árboles alrededor del estanque del barrio. Planta números iguales de árboles de arce, pino, abeto y abedul. Riega los árboles de abeto y abedul antes de que oscurezca. ¿Cuántos árboles tiene que regar el Sr. Nguyen aún? Dibuja e identifica un diagrama de cinta.

4. Ana compra 24 semillas y planta 3 en cada maceta. Tiene 5 macetas. ¿Cuántas macetas más necesita Ana para plantar todas sus semillas?

Lección 21:   Resolver problemas escritos de dos pasos que involucran las cuatro operaciones y evaluar la lógica de las respuestas.

© 2019 Great Minds®. eureka-math.org

EUREKA
MATH

3.er grado

Módulo 2

La tabla a la derecha muestra cuánto tiempo demora cada uno de los 5 estudiantes en correr 100 metros.

Eric	19 segundos
Woo	20 segundos
Sharon	24 segundos
Steven	18 segundos
Joyce	22 segundos

a.   ¿Quién corre más rápido?

Steven es quien corre más rápido.

Sé que Steven es quien corre más rápido porque la tabla me muestra que él corrió 100 metros en el menor número de segundos, 18 segundos.

b.   ¿Quién corre más lento?

Sharon es quien corre más lento.

Sé que Sharon es quien corre más lento porque la tabla me muestra que ella corrió 100 metros en el mayor número de segundos, 24 segundos.

c.   ¿Cuántos segundos más rápido corrió Eric que Sharon?

24 − 19 = 5

Eric corrió 5 segundos más rápido que Sharon.

Puedo restar el tiempo de Eric del tiempo de Sharon para averiguar cuánto más rápido corrió Eric que Sharon. Puedo usar la estrategia de compensación para pensar en la resta de 24 − 19 como 25 − 20 para llegar a 5. Es mucho más fácil para mí restar 25 − 20 que 24 − 19.

Nombre _____   Fecha _____

1. La tabla a la derecha muestra cuánto tiempo se tardan los 5 estudiantes en correr 100 metros.

Samanta	19 segundos
Melanie	22 segundos
Chester	26 segundos
Dominique	18 segundos
Louie	24 segundos

   a. ¿Quién es el corredor más rápido?

   b. ¿Quién es el corredor más lento?

   c. ¿Cuántos segundos corrió más rápido Samanta que Louie?

2. Enumera las actividades en casa que se tardan aproximadamente las siguientes cantidades de tiempo en completar. Si no tienes un cronómetro, puedes usar la estrategia de contar *1 Mississippi, 2 Mississippi, 3 Mississippi,* ….

Tiempo	Actividades en casa
30 segundos	Ejemplo: Atarte las agujetas
45 segundos	
60 segundos	

Lección 1: Explorar el tiempo como una medida continua usando un cronómetro.

91

© 2019 Great Minds®. eureka-math.org

3. Relaciona el reloj analógico con el reloj digital correcto.

Lección 1: Explorar el tiempo como una medida continua usando un cronómetro.

EUREKA MATH

Sigue las indicaciones para identificar la recta numérica a continuación.

a. Susan practica el piano entre las 3:00 p.m. y las 4:00 p.m. Identifica la primera y la última marca de graduación como 3:00 p.m. y 4:00 p.m.

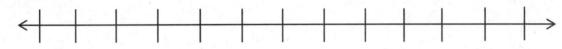

3:00 *p.m.*   4:00 *p.m.*

> Puedo identificar la primera marca como 3:00 p.m. y la última marca como 4:00 p.m. para mostrar el intervalo de una hora en el que Susan practica el piano.

b. Cada intervalo representa 5 minutos. Cuenta de cinco en cinco empezando en 0, o 3:00 p.m. Identifica cada intervalo de 5 minutos debajo de la recta numérica hasta 4:00 p.m.

3:00 *p.m.*   4:00 *p.m.*

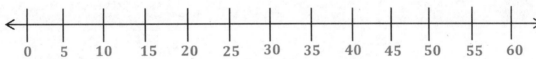

0   5   10   15   20   25   30   35   40   45   50   55   60

> Sé que hay 60 minutos entre las 3:00 p.m. y las 4:00 p.m. Puedo identificar 0 minutos debajo de donde escribí 3:00 p.m. e identificar 60 minutos debajo de donde escribí 4:00 p.m.

> Puedo contar salteado de cinco en cinco para identificar cada intervalo de 5 minutos de la izquierda a la derecha, empezando en 0 y terminando en 60.

c. Susan hace calentamiento de sus dedos tocando las escalas hasta las 3:10 p.m. Ubica un punto en la recta numérica para representar esta hora. Arriba del punto, escribe *W*.

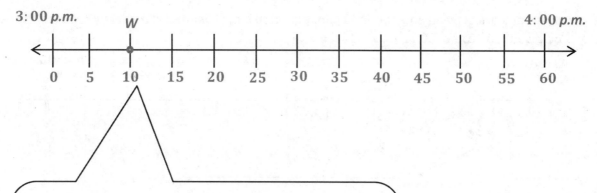

Puedo encontrar las 3:10 p.m. poniendo mi dedo en las 3:00 p.m. y moviéndolo hacia la derecha a medida que hago un conteo salteado de intervalos hasta llegar a las 3:10 p.m. Después puedo dibujar un punto para ubicar el lugar de este punto en la recta numérica. Puedo identificar este punto como W para representar el tiempo de calentamiento de Susan.

Lección 2:   Relacionar el conteo de cinco en cinco en el reloj y dar la hora con un modelo
                                 de la medición continua, la recta numérica.

EUREKA
MATH

Nombre _____ Fecha _____

Sigue las instrucciones para identificar la siguiente recta numérica.

a. El equipo de baloncesto practica entre las 4:00 p.m. y las 5:00 p.m. Identifica la primera y la última marca como 4:00 p.m. y 5 p.m.

b. Cada intervalo representa 5 minutos. Cuenta de cinco en cinco empezando en 0 o las 4:00 p.m. Identifica cada intervalo de 5 minutos debajo de la recta numérica hasta las 5:00 p.m.

c. El equipo calienta a las 4:05 p.m. Traza un punto en la recta numérica para representar esta hora. Arriba del punto, escribe W.

d. El equipo hace tiros libres a las 4:15 p.m. Traza un punto en la recta numérica para representar esta hora. Arriba del punto, escribe F.

e. El equipo juega un juego de práctica a las 4:25 p.m. Traza un punto en la recta numérica para representar esta hora. Arriba del punto, escribe G.

f. El equipo tiene un descanso para tomar agua a las 4:50 p.m. Traza un punto en la recta numérica para representar esta hora. Arriba del punto, escribe B.

g. El equipo repasa sus jugadas a las 4:55 p.m. Traza un punto en la recta numérica para representar esta hora. Arriba del punto, escribe P.

 Lección 2: Relacionar el conteo de cinco en cinco en el reloj y dar la hora con un modelo de la medición continua, la recta numérica.

© 2019 Great Minds®. eureka-math.org

95

El reloj muesta a qué hora empieza Caleb a jugar afuera el lunes por la tarde.

a. ¿A qué hora empieza a jugar afuera?

   Caleb empieza a jugar afuera a las 2: 32 p.m.

   Puedo encontrar los minutos en este reloj analógico contando de cinco en cinco y de uno en uno, empezando a las 12, como cero minutos.

Empieza

b. Él jugó afuera durante 19 minutos. ¿A qué hora termina de jugar?

   Caleb termina de jugar afuera a las 2: 51 p.m.

   Puedo usar diferentes estrategias para encontrar la hora en la que Caleb termina de jugar. La estrategia más eficiente es sumar 20 minutos a 2: 32 para llegar a 2: 52 y después restar 1 minuto para llegar a 2: 51.

c. Dibuja las manecillas en el reloj a la derecha para mostrar a qué hora termina Caleb de jugar.

Termina

   Puedo verificar mi respuesta en la parte (b) contando de cinco en cinco y de uno en uno en el reloj y después dibujando las manecillas en el reloj. La manecilla del minutero está exactamente en el minuto 51, pero la manecilla de la hora está cerca del 3 porque ya casi son las 3: 00.

Lección 3:   Contar de cinco en cinco y de uno en uno en la recta numérica como estrategia para dar la hora redondeándola al minuto más cercano en el reloj.   97

© 2019 Great Minds®. eureka-math.org

d. Identifica la primera y la última marca de graduación como 2:00 p.m. y 3:00 p.m. Después, identifica las horas cuando Caleb empieza y termina. Identifica la hora cuando empieza con una *B* y la hora cuando termina con una *F*.

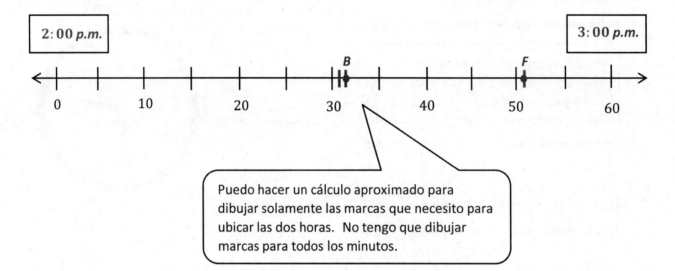

Puedo hacer un cálculo aproximado para dibujar solamente las marcas que necesito para ubicar las dos horas. No tengo que dibujar marcas para todos los minutos.

Lección 3:   Contar de cinco en cinco y de uno en uno en la recta numérica como estrategia para dar la hora redondeándola al minuto más cercano en el reloj.

EUREKA MATH

Nombre _____   Fecha _____

1. Traza los puntos en la recta numérica en cada hora mostrada en el reloj a continuación. Entonces, dibuja unas líneas para relacionar el reloj con los puntos.

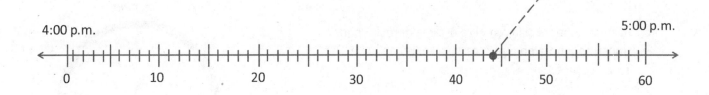

4:00 p.m.

5:00 p.m.

0   10   20   30   40   50   60

---

2. Julia cena a las 6:07 p.m. Dibuja las manecillas en el reloj a continuación para mostrar a qué hora cena.

3. P.E. empieza a la 1:32 p.m. Dibuja las manecillas en el reloj a continuación para mostrar a qué hora empieza P.E.

EUREKA
MATH

Lección 3:   Contar de cinco en cinco y de uno en uno en la recta numérica como estrategia para dar la hora redondeándola al minuto más cercano en el reloj.

99

4. El reloj muestra la hora en que Zacarías empieza a jugar con sus figuras de acción.

a. ¿A qué hora empieza a jugar con sus figuras de acción?

Inicia

b. Él juega con sus figuras de acción por 23 minutos. ¿A qué hora termina de jugar?

Termina

c. Dibuja las manecillas en el reloj de la derecha para mostrar la hora en que Zacaríasterminó de jugar.

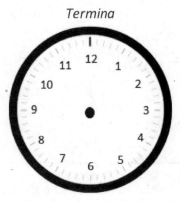

d. Marca la primera y la última raya a las 2:00 p.m. y 3.00 p.m. Después, traza la hora en que Zacarías empezó y terminó. Identifica su hora de inicio con una B y la hora en que terminó con una F.

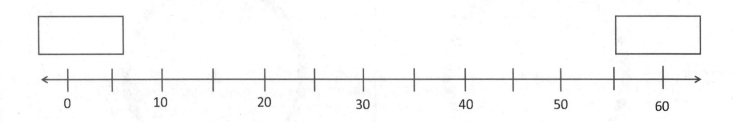

0   10   20   30   40   50   60

Lección 3:   Contar de cinco en cinco y de uno en uno en la recta numérica como estrategia para dar la hora redondeándola al minuto más cercano en el reloj.

© 2019 Great Minds®. eureka-math.org

EUREKA MATH

Usa una recta numérica para contestar los problemas a continuación.

1. Celina limpia su cuarto durante 42 minutos. Empieza a las 9:04 a.m. ¿A qué hora termina Celina de limpiar su cuarto?

> Puedo dibujar una recta numérica que me ayude a averiguar cuándo termina Celina de limpiar su cuarto. En la recta numérica, puedo identificar la primera marca como 0 y la última como 60. Después puedo identificar las horas y los intervalos de 5 minutos.

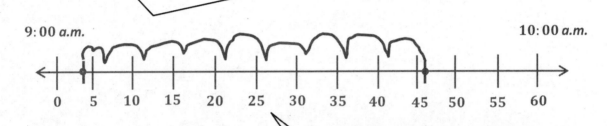

Celina termina de limpiar su cuarto a las 9:46 a.m.

> Puedo ubicar 9:04 a.m. en la recta numérica. Después puedo contar 2 minutos hasta 9:06 y 40 minutos de cinco en cinco hasta 9:46. 42 minutos después de 9:04 a.m. es 9:46 a.m.

2. La orquesta da un concierto para la escuela. El concierto dura 35 minutos. Termina a la 1:58 p.m. ¿A qué hora empezó el concierto?

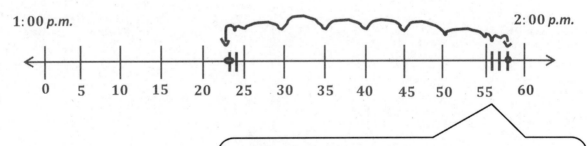

El concierto empezó a la 1:23 p.m.

> Puedo ubicar 1:58 p.m. en la recta numérica. Después puedo contar hacia atrás desde 1:58 de uno en uno hasta 1:55, de cinco en cinco hasta 1:25 y de uno en uno hasta 1:23. 1:23 p.m. es 35 minutos antes de la 1:58 p.m.

Nombre _____ Fecha _____

Registra la hora de inicio de tu tarea en el reloj del Problema 6.

Usa una recta numérica para resolver los Problemas 1 al 4.

1. La mamá de Joy empieza a caminar a las 4:12 p.m. Deja de caminar a las 4:43 p.m. ¿Cuántos minutos camina?

   La mamá de Joy camina durante _____ minutos.

2. Cassie termina su práctica de softbol a las 3:52 p.m. después de practicar durante 30 minutos. ¿A qué hora empezó la práctica de Cassie?

   La práctica de Cassie empezó a las _____ p.m.

3. Jordie construye un modelo de las 9:14 a.m. a las 9:47 a.m. ¿Cuántos minutos trabajó Jordie construyendo su modelo?

   Jordie construyó durante _____ minutos.

4. Cara termina de leer a las 2:57 p.m. Lee durante un total de 46 minutos. ¿A qué hora empezó a leer Cara?

   Cara empezó a leer a las _____ p.m.

Lección 4:   Resolver problemas escritos que involucran intervalos de tiempo dentro de 1 hora contando hacia atrás y hacia delante usando la recta numérica y el reloj.

© 2019 Great Minds®. eureka-math.org

5. Jenna y su mamá toman un autobús al centro comercial. Los relojes a continuación muestran cuándo salen de su casa y cuándo llegan al centro comercial. ¿Cuántos minutos se tardan en llegar al centro comercial?

Hora en la que salen de su casa:

Hora en la que llegan al centro comercial.

6. Registra la hora de inicio de tu tarea.

Registra la hora en la que terminaste los Problemas 1-5.

¿Cuántos minutos trabajaste en los Problemas 1-5?

Lección 4: Resolver problemas escritos que involucran intervalos de tiempo dentro de 1 hora contando hacia atrás y hacia delante usando la recta numérica y el reloj.

© 2019 Great Minds®. eureka-math.org

Luke hace ejercicio. Estira durante 8 minutos, corre durante 17 minutos y camina durante 10 minutos.

a. ¿Cuántos minutos en total pasa haciendo ejercicio?

> Puedo dibujar un diagrama de cinta para mostrar toda la información conocida. Veo que todas las partes se han dado, pero se desconoce el todo. Así que puedo identificar el todo con un signo de interrogación.

? minutos

8 min	17 min	10 min

> Puedo hacer un cálculo aproximado para dibujar las partes de mi diagrama de cinta de manera que reflejen la duración de los minutos. 8 minutos es el periodo más corto, así que puedo dibujarlo como la unidad más corta. 17 minutos es el periodo más largo, así que puedo dibujarlo como la unidad más larga.

$8 + 17 + 10 = 35$

Luke pasa un total de 35 minutos haciendo ejercicio.

> Puedo escribir una ecuación de suma para encontrar el número total de minutos que Luke pasa haciendo ejercicio. También debo recordar que tengo que escribir un enunciado que conteste la pregunta.

EUREKA MATH   Lección 5:   Resolver problemas escritos que involucren intervalos de tiempo dentro de 1 hora sumando y restando en la recta numérica.   105

© 2019 Great Minds®. eureka-math.org

b. Luke quiere ver una película que empieza a la 1:55 p.m. Se demora 10 minutos tomando una ducha y 15 minutos conduciendo al teatro. Si Luke empieza a hacer ejercicio a la 1:00 p.m., ¿podrá llegar a tiempo para la película? Explica tu raciocinio.

Puedo dibujar una recta numérica para explicar mi raciocinio. Puedo ubicar la hora de comienzo como 1:35 porque la parte (a) me dice que Luke se demora 35 minutos para hacer ejercicio. Después puedo sumar 10 minutos para su ducha y unos 15 minutos adicionales para el viaje al teatro.

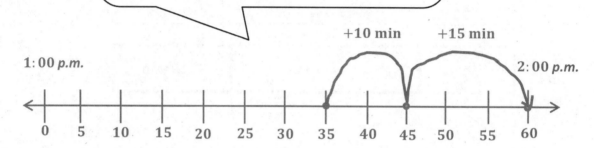

No, Luke no puede llegar a tiempo para la película. En la recta numérica puedo ver que llegará cinco minutos tarde.

Puedo ver en la recta numérica que Luke estará en el teatro a las 2:00 p.m. La película empieza a la 1:55 p.m., así que llegará 5 minutos tarde.

Lección 5:   Resolver problemas escritos que involucren intervalos de tiempo dentro de 1 hora sumando y restando en la recta numérica.

EUREKA MATH

Nombre _____   Fecha _____

1. Abby pasó 22 minutos trabajando en su proyecto de ciencias ayer y 34 minutos trabajando en el mismo hoy. ¿Cuántos minutos pasó Abby trabajando en su proyecto de ciencias en total? Representa el problema en la recta numérica y escribe una ecuación para resolver.

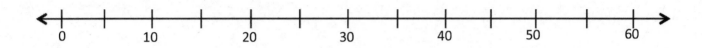

Abby pasó _____ minutos trabajando en su proyecto de ciencia.

2. Susanna pasa un total de 47 minutos trabajando en su proyecto. ¿Cuántos minutos más que Susanna pasa Abby trabajando? Dibuja una recta numérica para modelar el problema y escribe una ecuación para resolver.

3. Peter practica el violin durante un total de 55 minutos durante el fin de semana. Él practica durante 25 minutos el sábado. ¿Cuántos minutos practica el domingo?

Lección 5:   Resolver problemas escritos que involucren intervalos de tiempo dentro de 1 hora sumando y restando en la recta numérica.

© 2019 Great Minds®. eureka-math.org

107

4. a. Marcus trabaja en el jardín. Él quita la maleza durante 18 minutos, riega durante 13 minutos y planta durante 16 minutos. ¿Cuántos minutos en total pasa trabajando el jardín?

   b. Marcus desea ver una película que empieza a las 2:55 p.m. Tarda 10 minutos en llegar al cine. Si Marcus comienza el trabajoen el patio a las 2:00 p.m., ¿puede llegara tiempo para la película? Explica tu razonamiento.

5. Arelli hace una siesta corta después de la escuela. Cuando ella se duerme, el reloj marca las 3:03 p.m. Ella se despierta a la hora que se muestra abajo. ¿Cuánto dura la siesta de Arelli?

Lección 5:   Resolver problemas escritos que involucren intervalos de tiempo dentro de 1 hora sumando y restando en la recta numérica.

EUREKA MATH

1. Usa la tabla para ayudarte a contestar las siguientes preguntas:

1 kilogramo	100 gramos	10 gramos	1 gramo

a. Bethany pone un marcador que pesa 10 gramos en una balanza de platillos. ¿Cuántas pesas de 1-gramo necesita para equilibrar la balanza?

Bethany necesita diez pesas de 1 gramo para equilibrar la balanza.

> Sé que se requieren diez pesas de 1 gramo para llegar a 10 gramos.

b. Después, Bethany pone una bolsa de frijoles de 100 gramos en una balanza de platillos. ¿Cuántas pesas de 10 gramos necesita para equilibrar la balanza?

Bethany necesita diez pesas de 10 gramos para equilibrar la balanza.

> Sé que se requieren diez pesas de 10 gramos para llegar a 100 gramos.

c. Después Bethany pone un libro que pesa 1 kilogramo en una balanza de platillos. ¿Cuántas pesas de 100 gramos necesita para equilibrar la balanza?

Bethany necesita diez pesas de 100 gramos para equilibrar la balanza.

> Sé que se requieren diez pesas de 100 gramos para llegar a 1 kilogramo, o 1,000 gramos.

d. ¿Qué patrón notas en las partes (a)–(c)?

Noto que para llegar a un peso en la tabla se requieren diez de las pesas más livianos a la derecha de la tabla. Por ejemplo, para llegar a 100 gramos, se requieren diez pesas de 10 gramos y para llegar a 1 kilogramo, o 1,000 gramos, se requieren diez pesas de 100 gramos. ¡Es tal como en las gráficas de valor posicional!

Lección 6:   Construir y descomponer un kilogramo mediante el razonamiento del tamaño y peso de 1 kilogramo, 100 gramos, 10 gramos y 1 gramo.   109

© 2019 Great Minds®. eureka-math.org

2. Lee cada balanza digital. Escribe cada peso usando la palabra *kilogramo* o *gramo para cada medida*.

153 gramos   _3 kilogramos_

Puedo escribir 153 gramos porque sé que la letra g se usa como abreviatura de gramos.

Puedo escribir 3 kilogramos porque sé que las letras kg se usan como abreviatura de kilogramos.

Lección 6:   Construir y descomponer un kilogramo mediante el razonamiento del tamaño y peso de 1 kilogramo, 100 gramos, 10 gramos y 1 gramo.

EUREKA MATH®

Nombre _____   Fecha _____

1. Usa la tabla como ayuda para contestar las siguientes preguntas:

1 kilogramo	100 gramos	10 gramos	1 gramo

a. Isaías pone una pesa de 10 gramos en una balanza de platillos. ¿Cuántas pesas de 1 gramo necesitas para equilibrar la balanza?

b. A continuación, Isaías pone una pesa de 100 gramos en una balanza de platillos. ¿Cuántas pesas de 10 gramos necesita para equilibrar la balanza?

c. Isaías luego pone una pesa de un kilogramo en una balanza de platillos. ¿Cuántas pesas de 100 gramos necesita para equilibrar la balanza?

d. ¿Qué patrón observas en las Partes (a–c)?

Lección 6:   Construir y descomponer un kilogramo mediante el razonamiento del tamaño
              y peso de 1 kilogramo, 100 gramos, 10 gramos y 1 gramo.

© 2019 Great Minds®. eureka-math.org

111

2. Lee cada balanza digital. Escribe cada peso usando la palabra *kilogramo* o *gramo* para cada medición.

_____   _____   _____

_____   _____   _____

    Lección 6:   Construir y descomponer un kilogramo mediante el razonamiento del tamaño y peso de 1 kilogramo, 100 gramos, 10 gramos y 1 gramo.

EUREKA MATH

1. Empareja cada objeto con su peso aproximado.

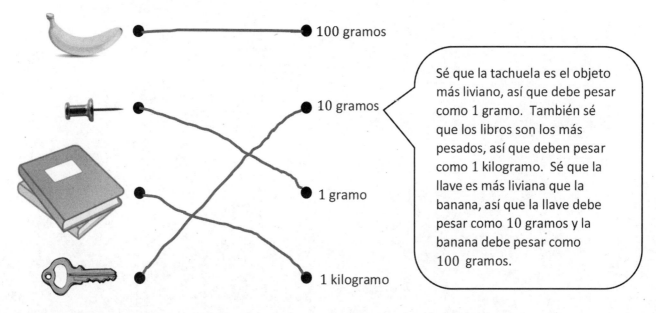

Sé que la tachuela es el objeto más liviano, así que debe pesar como 1 gramo. También sé que los libros son los más pesados, así que deben pesar como 1 kilogramo. Sé que la llave es más liviana que la banana, así que la llave debe pesar como 10 gramos y la banana debe pesar como 100 gramos.

2. Jessica pesa su perro en una balanza digital. Ella escribe 8, pero se le olvida escribir la unidad. ¿Cuál unidad de medida es la correcta, gramos o kilogramos? ¿Cómo lo sabes?

    El peso del perro de Jessica tiene que escribirse como 8 kilogramos. Los kilogramos son la unidad correcta porque 8 gramos es más o menos el mismo peso que 8 clips para sujetar papeles. No tendría sentido que su perro pesara aproximadamente lo mismo que 8 clips.

3. Lee y escribe el peso a continuación. Escribe la palabra *kilogramo* o *gramo con la medida.*

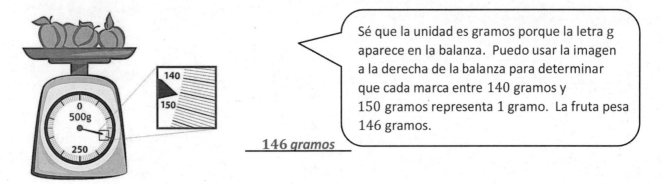

Sé que la unidad es gramos porque la letra g aparece en la balanza. Puedo usar la imagen a la derecha de la balanza para determinar que cada marca entre 140 gramos y 150 gramos representa 1 gramo. La fruta pesa 146 gramos.

146 *gramos*

 Lección 7:   Desarrollar estrategias de estimación analizando el peso en kilogramos de una serie de objetos familiares para establecer medidas de referencia mentales.   113

© 2019 Great Minds®. eureka-math.org

Nombre _____   Fecha _____

1. Relaciona cada objeto con su peso aproximado.

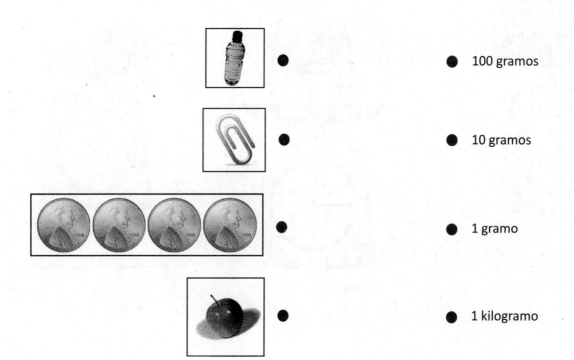

● 100 gramos

● 10 gramos

● 1 gramo

● 1 kilogramo

2. Alicia y Jeremy pesan un teléfono celular en una balanza digital. Ellos escriben 113 pero olvidan registrar la unidad. ¿Cuál unidad de medida es la correcta, gramos o kilogramos? ¿Cómo lo sabes?

EUREKA MATH®

Lección 7:   Desarrollar estrategias de estimación analizando el peso en kilogramos de una serie de objetos familiares para establecer medidas de referencia mentales.

© 2019 Great Minds®. eureka-math.org

115

3. Lee y escribe los siguientes pesos. Escribe la palabra *kilogramo* o *gramos* con la medida.

_____

_____

_____

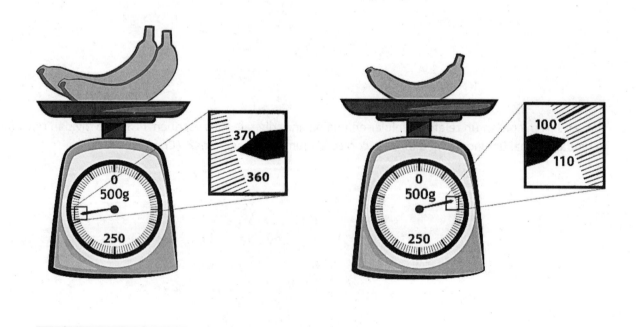

_____

_____

Lección 7: Desarrollar estrategias de estimación analizando el peso en kilogramos de una serie de objetos familiares para establecer medidas de referencia mentales.

© 2019 Great Minds®. eureka-math.org

EUREKA MATH®

Los pesos a continuación muestran el peso de las manzanas en cada cubeta.

Cubeta A   Cubeta B   Cubeta C
9 kg   7 kg   14 kg

a. Las manzanas en la Cubeta __C__ son las más pesadas.

b. Las manzanas en la Cubeta __B__ son las más livianas.

> La Cubeta C pesa 14 kg y la Cubeta B pesa 7 kg. Sé que $14 - 7 = 7$, así que la Cubeta C pesa 7 kg más.

c. Las manzanas en la Cubeta C son __7__ kilogramos más pesadas que las de la Cubeta B.

d. ¿Cuál es el peso total de las manzanas en las tres cubetas?

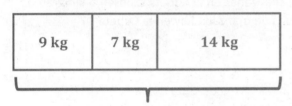

? kilogramos de manzanas

$9 + 7 + 14 = 30$

El peso total de las manzanas es 30 kilogramos.

> Puedo usar un diagrama de cinta para mostrar el peso de cada cubeta de manzanas. Después puedo sumar el peso de cada manzana para encontrar el peso total de las manzanas.

e. Rebecca y 2 sus hermanas comparten igualmente todas las manzanas en la Cubeta A. ¿Cuántos kilogramos de manzana recibe cada una?

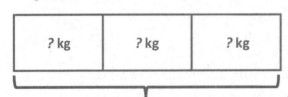

9 kilogramos de manzanas

$9 \div 3 = 3$

Cada hermana recibe 3 kilogramos de manzanas.

> Sé que voy a dividir 9 kilogramos en 3 grupos iguales porque hay 3 personas compartiendo las manzanas en la Cubeta A. Cuando averigüe el total y el número de grupos iguales, ¡hago la división para encontrar el tamaño de cada grupo!

EUREKA MATH®

Lección 8:   Resolver problemas escritos de un solo paso que involucran pesos métricos dentro de 100 y estimar para razonar las soluciones.

117

© 2019 Great Minds®. eureka-math.org

f. Mason le da a su amigo 3 kilogramos de manzanas de la Cubeta B. Él usa 2 kilogramos de manzanas
    de la Cubeta B para hacer una tarta de manzana. ¿Cuántos kilogramos de manzanas quedan
    en la Cubeta B?

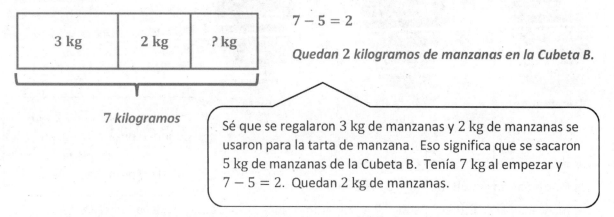

$7 - 5 = 2$

Quedan 2 kilogramos de manzanas en la Cubeta B.

7 *kilogramos*

Sé que se regalaron 3 kg de manzanas y 2 kg de manzanas se usaron para la tarta de manzana. Eso significa que se sacaron 5 kg de manzanas de la Cubeta B. Tenía 7 kg al empezar y $7 - 5 = 2$. Quedan 2 kg de manzanas.

g. Angela escoge otra cubeta de manzanas, la Cubeta D. Las manzanas en la Cubeta C pesan 6 kilogramos
    más que las manzanas en la Cubeta D. ¿Cuántos kilogramos de manzana hay en la Cubeta D?

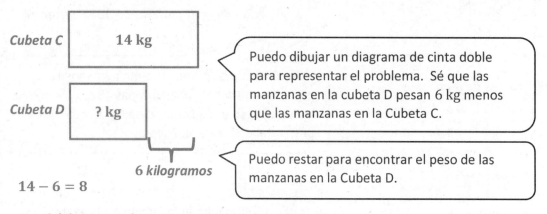

Cubeta C   14 kg

Puedo dibujar un diagrama de cinta doble para representar el problema. Sé que las manzanas en la cubeta D pesan 6 kg menos que las manzanas en la Cubeta C.

Cubeta D   ? kg

6 *kilogramos*

Puedo restar para encontrar el peso de las manzanas en la Cubeta D.

$14 - 6 = 8$

Hay 8 kilogramos de manzanas en la Cubeta D.

h. ¿Cuál es el peso total de las manzanas en las Cubetas C y D?

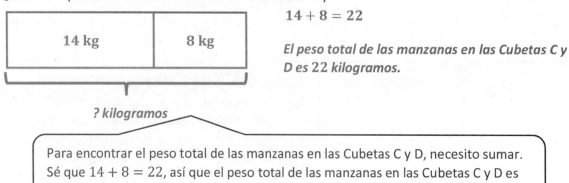

$14 + 8 = 22$

El peso total de las manzanas en las Cubetas C y D es 22 kilogramos.

14 kg   8 kg

? *kilogramos*

Para encontrar el peso total de las manzanas en las Cubetas C y D, necesito sumar. Sé que $14 + 8 = 22$, así que el peso total de las manzanas en las Cubetas C y D es 22 kilogramos.

Lección 8:   Resolver problemas escritos de un solo paso que involucran pesos métricos
                          dentro de 100 y estimar para razonar las soluciones.

Nombre _____ Fecha _____

1. Los pesos de 3 canastas con frutas se muestran abajo.

Canasta A
12 kg

Canasta B
8 kg

Canasta C
16 kg

   a. La canasta _____ es la más pesada.

   b. La canasta _____ es la más ligera.

   c. La canasta A es _____ kilogramos más pesada que la canasta B.

   d. ¿Cuál es el peso total de las trescanastas?

2. Cada diario pesa aproximadamente 280 gramos. ¿Cuál es el peso total de 3 diarios?

3. La Srta. Ríos compró 453 gramos de fresas. Después de preparar batidos, le quedan 23 gramos.
    ¿Cuántos gramos de fresas usó?

Lección 8:   Resolver problemas escritos de un solo paso que involucran pesos métricos
             dentro de 100 y estimar para razonar las soluciones.

119

© 2019 Great Minds®. eureka-math.org

4. El papá de Andrea pesa 57 kilogramos más que Andrea. Andrea pesa 34 kilogramos.

   a. ¿Cuánto pesa el papá de Andrea?

   b. ¿Cuánto pesan Andrea y su papá en total?

5. La abuela de Jennifer compró zanahorias en el puesto de la granja. Ella y
   sus 3 nietos comparten las zanahorias por partes iguales. El peso total
   de las zanahorias que compró se muestra abajo.

   a. ¿Cuántos kilogramos de zanahorias recibirá Jennifer?

   b. Jennifer usó 2 kilogramos de zanahorias para hornear panqués.
       ¿Cuántos kilogramos de zanahorias le quedan?

Lección 8:   Resolver problemas escritos de un solo paso que involucran pesos métricos
                     dentro de 100 y estimar para razonar las soluciones.

EUREKA
MATH®

1. Ben hace 4 tandas de galletas para la venta de productos de panadería. Él usa 5 mililitros de vainilla para cada tanda. ¿Cuántos mililitros de vainilla usa en total?

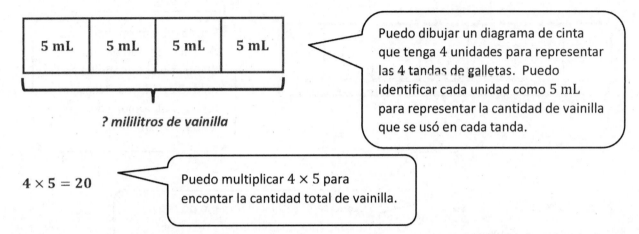

Puedo dibujar un diagrama de cinta que tenga 4 unidades para representar las 4 tandas de galletas. Puedo identificar cada unidad como 5 mL para representar la cantidad de vainilla que se usó en cada tanda.

$4 \times 5 = 20$

Puedo multiplicar 4×5 para encontar la cantidad total de vainilla.

Ben usa 20 mililitros de vainilla.

2. La Sra. Gillette les sirve 3 vasos de jugo a sus hijos. Cada vaso contiene 321 mililitros de jugo. ¿Cuánto jugo sirve la Sra. Gillette en total?

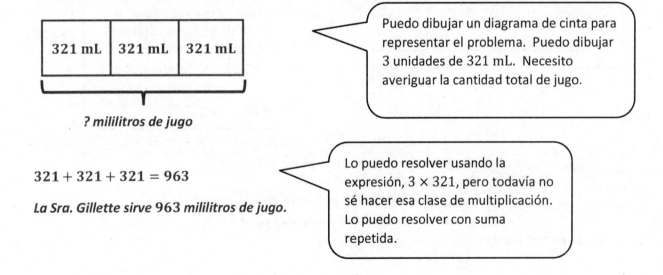

Puedo dibujar un diagrama de cinta para representar el problema. Puedo dibujar 3 unidades de 321 mL. Necesito averiguar la cantidad total de jugo.

$321 + 321 + 321 = 963$

La Sra. Gillette sirve 963 mililitros de jugo.

Lo puedo resolver usando la expresión, 3×321, pero todavía no sé hacer esa clase de multiplicación. Lo puedo resolver con suma repetida.

EUREKA MATH

Lección 9:   Descomponer un litro para razonar sobre el tamaño de 1 litro, 100 mililitros, 10 mililitros y 1 mililitro.

© 2019 Great Minds®. eureka-math.org

121

3. Gabby usa una cubeta de 4 litros para darle agua a su pony. ¿Cuántas cubetas de agua necesitará Gabby para poder darle a su pony 28 litros de agua?

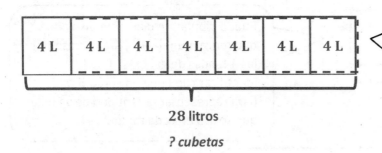

Puedo dibujar un diagrama de cinta. Sé que el total es 28 litros y el tamaño de cada unidad es 4 litros. Necesito resolver el número de unidades (cubetas).

$28 \div 4 = 7$

Gabby necesita 7 cubetas de agua.

Como sé el total y el tamaño de cada unidad, puedo dividir para resolver.

4. Elijah hace 12 litros de refresco de frutas para su fiesta de cumpleaños. Él vierte el refresco de frutas igualmente en 4 tazas. ¿Cuántos litros de refresco de frutas hay en cada taza?

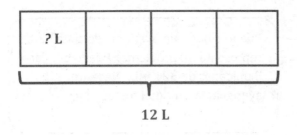

Puedo dibujar un diagrama de cinta. Sé que el total es 12 litros y que hay 4 tazas o unidades. Necesito resolver el número de litros en cada taza.

$12 \div 4 = 3$

Como sé el total y el número de unidades, puedo dividir para resolver.

Elijah vierte 3 litros de refresco de frutas en cada taza.

Puedo dividir para resolver los Problemas 3 y 4, pero las incógnitas en cada problema son diferentes. En el Problema 3, resolví el número de grupos/unidades. En el Problema 4, resolví el tamaño de cada grupo/unidad.

Lección 9:   Descomponer un litro para razonar sobre el tamaño de 1 litro, 100 mililitros, 10 mililitros y 1 mililitro.

EUREKA MATH

Nombre _____   Fecha _____

1. Encuentra contenedores en casa que tengan una capacidad de más o menos 1 litro. Usa las marcas en los contenedores para ayudarte a identificarlos.

   a.

Nombre del contenedor
Ejemplo: Caja de jugo de naranja.

   b. Dibuja los contenedores. ¿Cómo se comparan sus tamaños y formas?

2. El doctor le prescribe a la Sra. Larson 5 mililitros de medicina cada día por 3 días. ¿Cuántos mililitros de medicina tomará ella en total?

   Lección 9:   Descomponer un litro para razonar sobre el tamaño de 1 litro, 100 mililitros,   123
10 mililitros y 1 mililitro.

© 2019 Great Minds®. eureka-math.org

3. La Sra. Goldstein vierte 3 cajas de jugo en un recipiente para hacer ponche. Cada caja de jugo contiene 236 mililitros. ¿Cuánto jugo vierte la Sra. Goldstein en el recipiente?

4. La pecera de Daniel contiene 24 litros de agua. Él usa un balde de 4 litros para llenar la pecera. ¿Cuántos baldes de agua se necesitan para llenar la pecera?

5. Sheila compra 15 litros de pintura para pintar su casa. Ella vierte la pintura equitativamente en 3 baldes. ¿Cuántos litros de pintura hay en cada balde?

Lección 9: Descomponer un litro para razonar sobre el tamaño de 1 litro, 100 mililitros, 10 mililitros y 1 mililitro.

EUREKA MATH

1. Aproxima la cantidad de líquido en cada recipiente al litro más cercano.

El líquido en este recipiente está entre 3 litros and 4 litros. Ya que está a más del punto medio del siguiente litro, 4 litros, puedo calcular que hay alrededor de 4 litros de líquido.

___4 litros___

El líquido en este recipiente está exactamente en 5 litros.

___5 litros___

El líquido en este contenedor está entre 3 litros y 4 litros. Ya que está a menos del punto medio del siguiente litro, 4 litros, puedo calcular que hay alrededor de 3 litros de líquido.

___3 litros___

Lección 10:   Estimar y medir el volumen de un líquido en litros y mililitros usando la recta numérica vertical.

125

EUREKA MATH®

2. Manny está comparando la capacidad de las cubetas que usa para regar su jardín de vegetales. Usa la tabla para contestar las preguntas.

Cubeta	Capacidad en litros
Cubeta 1	17
Cubeta 2	12
Cubeta 3	23

a. Coloca marcas en la recta numérica para mostrar la capacidad de cada cubeta. La Cubeta 2 ya se hizo para tí.

```
        ┬ 30 L
        ┼
        ┼
Cubeta 3 ◆
        ┼ 20 L
Cubeta 1 ◆
        ┼
Cubeta 2 ●
        ┼ 10 L
        ↓
```

Puedo usar las marcas de graduación para ayudarme a ubicar el lugar correcto en la recta numérica para cada cubeta. Puedo identificar la Cubeta 1 en 17 litros y la Cubeta 3 en 23 litros.

b. ¿Cuál cubeta tiene la mayor capacidad?
   La Cubeta 3 tienen la mayor capacidad.

c. ¿Cuál cubeta tiene la menor capacidad?
   La Cubeta 2 tiene la menor capacidad.

Puedo usar la recta numérica vertical para ayudarme a contestar estas dos preguntas. Puedo ver que el punto que ubiqué para la Cubeta 3 está más arriba en la recta numérica que los otros, así que tiene una mayor capacidad que los otros. También veo que el punto que ubiqué para la Cubeta 2 está más bajo en la recta numérica, así que tiene la menor capacidad.

d. ¿Cuál cubeta tiene una capacidad de alrededor de 10 litros?
   La Cubeta 2 tiene una capacidad de alrededor de 10 litros.

Noto que la Cubeta 2 es la más cercana a 10 litros, así que tiene una capacidad de alrededor de 10 litros.

e. Usa la recta numérica para averiguar cuántos litros más contiene la Cubeta 3 que la Cubeta 2.
   La Cubeta 3 contiene 11 litros más que la Cubeta 2.

Para resolver este problema, puedo contar hacia arriba en la recta numérica de la Cubeta 2 a la Cubeta 3. Empezaré en 12 litros porque esa es la capacidad de la Cubeta 2. Cuento 8 marcas hacia arriba hasta 20 litros y después cuento 3 marcas más hasta 23, lo cual es la capacidad de la Cubeta 3. Sé que $8 + 3 = 11$, así que la Cubeta 3 contiene 11 litros más que la Cubeta 2.

Lección 10:   Estimar y medir el volumen de un líquido en litros y mililitros usando la recta numérica vertical.

EUREKA MATH

Nombre _____ Fecha _____

1. ¿Cuánto líquido hay en cada contenedor?

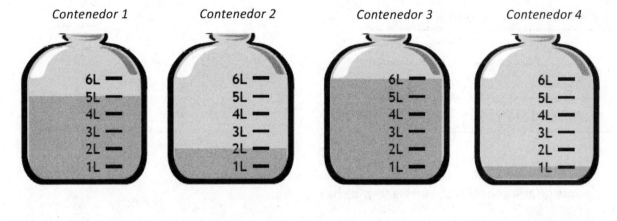

Contenedor 1   Contenedor 2   Contenedor 3   Contenedor 4

_____   _____   _____   _____

2. Jon vierte el contenido del Contenedor 1 y del Contenedor 3 en la cubeta vacía. ¿Cuánto líquido hay en la cubeta después de que él vierte el líquido?

3. Estima la cantidad de líquido en cada contenedor redondeándolo al litro más cercano.

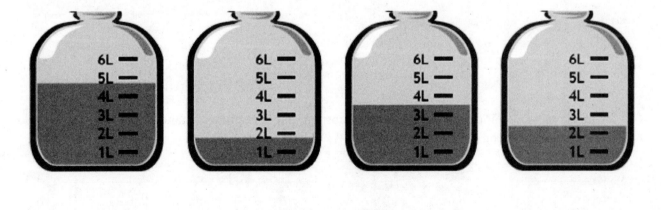

_____   _____   _____   _____

EUREKA MATH

Lección 10:   Estimar y medir el volumen de un líquido en litros y mililitros usando la recta numérica vertical.

© 2019 Great Minds®. eureka-math.org

127

4. Kristen está comparando la capacidad de los tanques de gasolina en coches de diferente tamaño. Usa la siguiente tabla para contestar las preguntas.

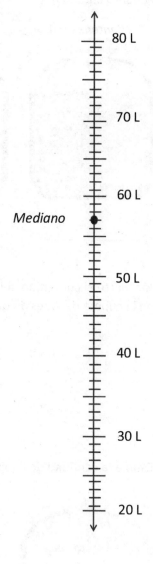

Tamaño del carro	Capacidad en litros
Grande	74
Mediano	57
Pequeño	42

a. Marca la recta numérica para mostrar la capacidad de cada tanque de gasolina. El coche mediano ya se ha resuelto.

b. ¿Cuál tanque de gasolina tiene la mayor capacidad?

c. ¿Cuál tanque de gasolina tiene la menor capacidad?

d. El tanque de gasolina del carro de Kristen tiene una capacidad de aproximadamente 60 litros. ¿Qué coche en la tabla tiene aproximadamente la misma capacidad que el coche de Kristen?

e. Usa la recta numérica para saber cuántos litros más puede contener el tanque del coche grande que el tanque del coche pequeño.

Lección 10:   Estimar y medir el volumen de un líquido en litros y mililitros usando la recta numérica vertical.

© 2019 Great Minds®. eureka-math.org

EUREKA MATH®

1. El peso junto de una banana y una manzana es 291 gramos. La banana pesa 136 gramos. ¿Cuánto pesa la manzana?

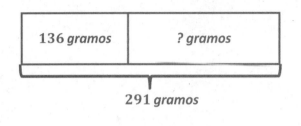

> Puedo dibujar un diagrama de cinta para representar el problema. El total es 291 gramos y una parte—el peso de la banana—es 136 gramos. Puedo restar para encontrar la otra parte, el peso de la manzana.

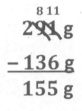

> Puedo usar el algoritmo estándar para restar. Puedo desagrupar 1 decena para hacer 10 unidades. Ahora hay 2 centenas, 8 decenas y 11 unidades.

La manzana pesa 155 gramos.

2. Sandy usa un total de 21 litros de agua para sus macizos de flores. Ella usa 3 litros de agua para cada macizo. ¿A cuántos macizos les echa agua Sandy?

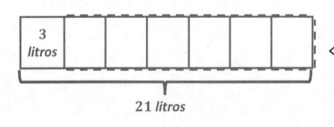

> Puedo dibujar un diagrama de cinta para representar el problema. El total es 21 litros y cada unidad representa la cantidad de agua que Sandy usa para cada macizo, 3 litros. Puedo ver que la incógnita es el número de unidades (grupos).

$21 \div 3 = 7$

> Puedo dividir para encontrar el número total de unidades, el cual representa el número de macizos.

Sandy les echa agua a 7 macizos.

> Ahora que sé la respuesta, puedo dibujar el resto de las unidades en mi diagrama de cinta, para mostrar un total de 7 unidades.

EUREKA MATH®

Lección 11:   Resolver problemas escritos mixtos que involucran las cuatro operaciones con gramos, kilogramos, litros y mililitros dados en las mismas unidades.

129

© 2019 Great Minds®. eureka-math.org

Nombre _____   Fecha _____

1. Karina va a caminar. Trae un cuaderno, un lápiz y una cámara. En la tabla se muestra el peso de cada artículo. ¿Cuál es el peso total de los tres artículos?

Artículo	Peso
Cuaderno	312 g
Lápiz	10 g
Cámara	365 g

El peso total es de _____ gramos.

2. Juntos, un caballo y su jinete, pesan 729 kilogramos. El caballo pesa 625 kilogramos. ¿Cuánto pesa el jinete?

El jinete pesa _____ kilogramos.

Lección 11: Resolver problemas escritos mixtos que involucran las cuatro operaciones con gramos, kilogramos, litros y mililitros dados en las mismas unidades.

131

© 2019 Great Minds®. eureka-math.org

3. El equipo de fútbol de Teresa llena 6 enfriadores de agua antes del juego. Cada enfriador de agua contiene 9 litros de agua. ¿Cuántos litros de agua llenaron?

_____

4. Dwight compró 48 kilogramos de fertilizante para su jardín de vegetales. Necesita 6 kilogramos de fertilizante para cada cama de vegetales. ¿Cuántas camasde vegetales puede fertilizar?

_____

5. Nancy cocina 7 pasteles para la venta de pasteles de la escuela. Cada pastel requiere 5 mililitros de aceite. ¿Cuántos mililitros de aceite usa?

Lección 11:   Resolver problemas escritos mixtos que involucran las cuatro operaciones con gramos, kilogramos, litros y mililitros dados en las mismas unidades.

EUREKA MATH

1. Completa la tabla.

Medí el ancho de un marco para fotos. Medía 24 centímetros de ancho.

Objeto	Medida (en cm)	El objeto mide entre (cuáles dos decenas)...	Largo redondeado al 10 cm más cercano
Ancho del marco para fotos	24 cm	__20__ y __30__ cm	20 cm

Puedo usar una recta numérica vertical para ayudarme a redondear 24 cm al 10 cm más cercano.

Los puntos en los extremos de la recta numérica vertical me ayudan a saber entre cuáles dos decenas se encuentra el ancho del marco para fotos.

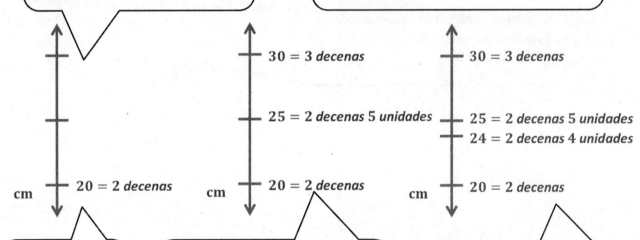

Hay 2 decenas en 24, así que puedo identificar este extremo como 2 decenas o 20.

Una decena más que 2 decenas equivale a 3 decenas, así que puedo identificar el otro extremo como 3 decenas o 30. El punto medio entre 2 decenas y 3 decenas es 2 decenas 5 unidades. Puedo identificar el punto medio como 2 decenas 5 unidades o 25.

Puedo ubicar 24 o 2 decenas 4 unidades en la recta numérica vertical. Puedo ver fácilmente que 24 es menos que el punto medio entre 2 decenas y 3 decenas. Eso significa que 24 cm redondeados al 10 cm más cercano es 20 cm.

2. Mide el líquido en el vaso de precipitado a los 10 mililitros más cercanos.

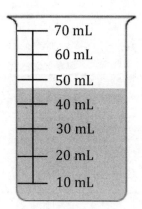

> Puedo usar el vaso de precipitado para ayudarme a redondear la cantidad de líquido a los 10 mL más cercanos. Puedo ver que el líquido se encuentra entre 40 (4 decenas) y 50 (5 decenas). También puedo ver que el líquido se encuentra por encima del punto medio entre 4 decenas y 5 decenas. Eso significa que la cantidad de líquido se redondea a los siguientes diez mililitros, 50 mL.

Hay alrededor de ___50___ mililitros de líquido en el vaso de precipitado.

> La palabra *alrededor* me dice que esta no es la cantidad exacta del líquido en el vaso de precipitado.

EUREKA MATH

Nombre _____   Fecha _____

1. Completa la tabla. Elige los objetos y usa una regla o un metro para completar la tabla a continuación.

Objeto	Medición (en cm)	El objeto mide entre (cuáles dos decenas)...	Longitud redondeada a los 10 cm más cercanos
Longitud del escritorio	66 cm	_____ y _____ cm	
Ancho del escritorio	48 cm	_____ y _____ cm	
Ancho de la puerta	81cm	_____ y _____ cm	
		_____ y _____ cm	
		_____ y _____ cm	

2. La clase de gimnasia termina a las 10:27 a.m. Redondea la hora a los 10 minutos más cercanos.

La clase de gimnasia termina aproximadamente a las _____ a.m.

3. Mide el líquido en el vaso de precipitado hasta los 10 mililitros más cercanos.

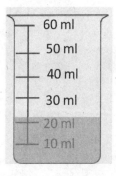

Hay aproximadamente _____ mililitros en el vaso de precipitado.

4. El peso de la Sra. Santos se muestra en la balanza. Redondea el peso a los 10 kilogramos más cercanos.

El peso de la Sra. Santos es de _____ kilogramos.

El peso de la Sra. Santos es aproximadamente de _____ kilogramos.

5. Un guardia del zoológico pesa a un chimpancé. Redondea el peso del chimpancé a los 10 kilogramos más cercanos.

El peso del chimpancé es de _____ kilogramos.

El peso del chimpancé es de aproximadamente _____ kilogramos.

Lección 12: Redondear medidas de dos dígitos a la decena más cercana sobre la recta numérica vertical.

EUREKA MATH

1. Redondea a la decena más cercana. Dibuja una recta numérica para representar tu razonamiento.

a. 52 ≈ ___**50**___

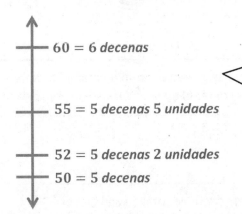

Puedo dibujar una recta numérica vertical con extremos de 50 y 60 y un punto medio de 55. Cuando ubico 52 en la recta numérica vertical, puedo ver que es menos que el punto medio entre 50 y 60. Así que 52 redondeado a la decena más cercana es 50.

b. 152 ≈ ___**150**___

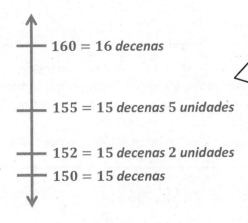

Puedo dibujar una recta numérica vertical con extremos de 150 y 160 y un punto medio de 155. Cuando ubico 152 en la recta numérica vertical, puedo ver que es menos que el punto medio entre 150 y 160. Así que 152 redondeado a la decena más cercana es 150.

¡Mira, las rectas numéricas verticales en las partes (a) y (b) son casi las mismas! La única diferencia es que todos los números en la parte (b) son 100 más que los números en la parte (a).

EUREKA MATH®

Lección 13:   Redondear números de dos y tres dígitos a la decena más cercana sobre la recta numérica vertical.

© 2019 Great Minds®. eureka-math.org

137

2. Amelia vierte 63 mL de agua en un vaso de precipitado. Madison vierte 56 mL de agua en el vaso de precipitado de Amelia. Redondea la cantidad total de agua en el vaso de precipitado a los 10 mililitros más cercanos. Representa tu razonamiento usando una recta numérica.

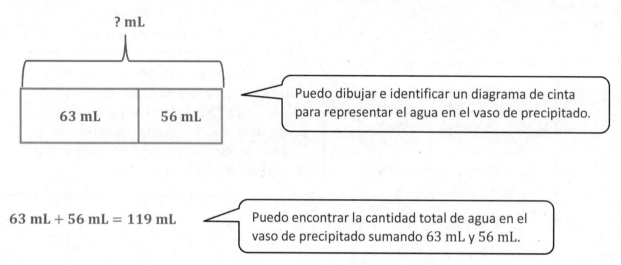

? mL

63 mL   56 mL

Puedo dibujar e identificar un diagrama de cinta para representar el agua en el vaso de precipitado.

63 mL + 56 mL = 119 mL

Puedo encontrar la cantidad total de agua en el vaso de precipitado sumando 63 mL y 56 mL.

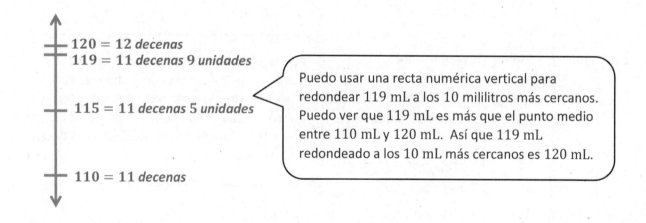

120 = 12 *decenas*
119 = 11 *decenas* 9 *unidades*

115 = 11 *decenas* 5 *unidades*

110 = 11 *decenas*

Puedo usar una recta numérica vertical para redondear 119 mL a los 10 mililitros más cercanos. Puedo ver que 119 mL es más que el punto medio entre 110 mL y 120 mL. Así que 119 mL redondeado a los 10 mL más cercanos es 120 mL.

Hay alrededor de 120 mL *de agua en el vaso de precipitado.*

       Redondear números de dos y tres dígitos a la decena más cercana sobre la recta numérica vertical.

EUREKA MATH

Nombre _____   Fecha _____

1. Redondea a la decena más cercana. Usa la recta numérica para demostrar tu razonamiento.

a. 43 ≈ _____

50

45
43

40

b. 48 ≈ _____

c. 73 ≈ _____

d. 173 ≈ _____

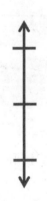

e. 189 ≈ _____

f. 194 ≈ _____

EUREKA
MATH

Lección 13:   Redondear números de dos y tres dígitos a la decena más cercana sobre
                la recta numérica vertical.

© 2019 Great Minds®. eureka-math.org

139

2. Redondea el peso de cada objeto a los 10 gramos más cercanos. Dibuja rectas numéricas para modelar tu razonamiento.

Artículo	Recta numérica	Redondear a los 10 gramos más cercanos
Barra de cereal: 45 gramos		
Rebanada de pan: 673 gramos		

3. El Garden Club planta filas de zanahorias en el jardín. Un paquete de semillas pesa 28 gramos. Redondea el peso total de 2 paquetes de semillas a los 10 gramos más cercanos. Usa la recta numérica para modelar tu razonamiento.

Lección 13:   Redondear números de dos y tres dígitos a la decena más cercana sobre la recta numérica vertical.

© 2019 Great Minds®. eureka-math.org

EUREKA MATH

1. Redondea a la centena más cercana. Dibuja una recta numérica para representar tu razonamiento.

a. 234 ≈ ___**200**___

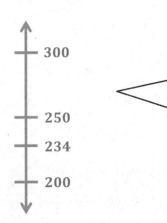

Puedo dibujar una recta numérica vertical con extremos de 200 y 300 y un punto medio de 250. Cuando ubico 234 en la recta numérica vertical, puedo ver que es menos que el punto medio entre 200 y 300. Así que 234 redondeado a la centena más cercana es 200.

2. 1,234 ≈ ___**1,200**___

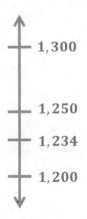

Puedo dibujar una recta numérica vertical con extremos de 1,200 y 1,300 y un punto medio de 1,250. Cuando ubico 1,234 en la recta numérica vertical, puedo ver que es menos que el punto medio entre 1,200 and 1,300. Así que 1,234 redondeado a la centena más cercana es 1,200.

¡Mira, las rectas numéricas verticales en las partes (a) y (b) con casi las mismas! La única diferencia es que todos los números en la parte (b) son 1,000 más que los números en la parte (a).

Lección 14:   Redondear a la centena más cercana sobre la recta numérica vertical.   **141**

2. Hay 1,365 estudiantes en la escuela Park Street. Kate y Sam redondean el número de estudiantes a la centena más cercana. Kate dice que es mil cuatrocientos. Sam dice que es 14 centenas. ¿Quién tiene la razón? Explica tu razonamiento.

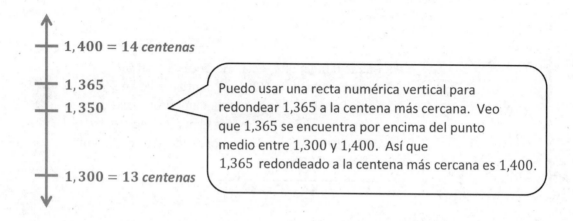

1,400 = 14 *centenas*

1,365

1,350

1,300 = 13 *centenas*

Puedo usar una recta numérica vertical para redondear 1,365 a la centena más cercana. Veo que 1,365 se encuentra por encima del punto medio entre 1,300 y 1,400. Así que 1,365 redondeado a la centena más cercana es 1,400.

Tanto Kate como Sam tienen la razón. 1,365 redondeado a la centena más cercana es 1,400. 1,400 en forma de unidad es 14 centenas.

Lección 14:   Redondear a la centena más cercana sobre la recta numérica vertical.

EUREKA
MATH®

Nombre _____   Fecha _____

1. Redondea a la centena más cercana. Usa la recta numérica para demostrar tu razonamiento.

a. 156 ≈ _____ 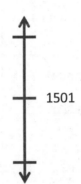 1501	b. 342 ≈ _____ 
c. 260 ≈ _____ 	d. 1,260 ≈ _____ 
e. 1,685 ≈ _____ 	f. 1,804 ≈ _____ 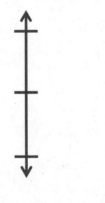

EUREKA MATH

Lección 14:   Redondear a la centena más cercana sobre la recta numérica vertical.

143

2. Completa la tabla.

a. Luis tiene 217 tarjetas de béisbol. Redondea el número de tarjetas que Luis tiene a la centena más cercana.	
b. Había 462 personas sentadas en la audiencia. Redondea el número de personas a la centena más cercana.	
c. Una botella de jugo contiene 386 mililitros. Redondea la capacidad a los 100 mililitros más cercanos.	
d. Un libro pesa 727 gramos. Redondea el peso a los 100 gramos más cercanos.	
e. Los padres de Joanie gastaron $1,260 en dos boletos de avión. Redondea el total a los $100 más cercanos.	

3. Encierra los números que se redondean a 400 cuando se redondea a la centena más cercana.

368   342   420   492   449   464

4. Hay 1,525 páginas en un libro. Julia y Kim redondean el número de páginas a la centena más cercana. Julia dice que es mil quinientos. Kim dice que es 15 centenas. ¿Quién está en lo correcto? Explica tu razonamiento.

Lección 14: Redondear a la centena más cercana sobre la recta numérica vertical.

EUREKA MATH

1. Encuentra las sumas a continuación. Escoge entre hacer un cálculo mental o usar el algoritmo.

a. 69 cm + 7 cm = 76 cm

    70   1   6

Puedo usar el cálculo mental para resolver este problema. Descompuse el 7 como 1 y 6. Después resolví la ecuación como 70 cm + 6 cm = 76 cm.

Para este problema, el algoritmo estándar es una herramienta más estratégica que se puede usar.

b. 59 kg + 76 kg

$$
\begin{array}{r}
59 \text{ kg} \\
+ \ 76 \text{ kg} \\
\hline
5
\end{array}
$$

$$
\begin{array}{r}
59 \text{ kg} \\
+ \ 76 \text{ kg} \\
\hline
135 \text{ kg}
\end{array}
$$

9 unidades más 6 unidades es 15 unidades. Otra forma de decir 15 unidades es 1 decena y 5 unidades. Puedo apuntar esto escribiendo el 1 de manera que cruce la recta debajo de las decenas en el lugar del diez y el 5 debajo de la recta en la columna de las unidades. De esta manera escribo 15, en vez de 5 y 1 como números separados.

5 decenas más 7 decenas más 1 decena es igual a 13 decenas. Así que 59 kg + 76 kg = 135 kg.

Lección 15:   Sumar medidas usando el algoritmo estándar para formar unidades más grandes una vez.

© 2019 Great Minds®. eureka-math.org

145

2. La planta de la Sra. Alvarez creció 23 centímetros en una semana. La siguiente semana creció 6 centímetros más que la semana previa. ¿Cuál es el número total de centímetros que la planta creció en 2 semanas?

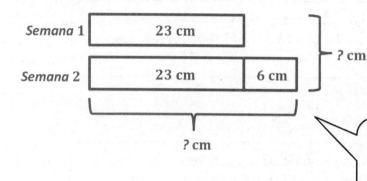

Puedo dibujar un diagrama de cinta doble para este problema porque estoy comparando la Semana 1 y la Semana 2.

Sé que en la Semana 2 la planta creció 6 centímetros más que la semana previa. Así que puedo agregar 6 cm a 23 cm para llegar a 29 cm en la Semana 2.

29 cm no responde la pregunta ya que esto me dice solamente cuánto creció la planta en la Semana 2. Necesito encontrar el número total de centímetros que la planta creció en las 2 semanas.

23 cm + 6 cm = 29 cm

Para encontrar el número total de centímetros que la planta creció en 2 semanas, puedo sumar 23 cm + 29 cm. Puedo usar el cálculo mental para resolver este problema ya que 29 está cercano a 30.

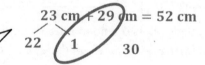

La planta creció 52 centímetros en 2 semanas.

Ahora puedo escribir un enunciado que conteste la pregunta. Esto me ayuda a verificar mi trabajo para ver si mi respuesta es razonable.

EUREKA MATH

Nombre _____   Fecha _____

1. Resuelve las siguientes sumas. Elige el cálculo mental o el algoritmo.

    a.   75 cm + 7 cm

    c.   362 ml + 229 ml

    e.   451 ml + 339 ml

    b.   39 kg + 56 kg

    d.   283 g + 92 g

    f.   149 l + 331 l

2. Debajo se muestra el volumen de líquido de 5 bebidas.

Bebida	Volumen de líquido
Jugo de manzana	125 ml
Leche	236 ml
Agua	248 ml
Naranja	174 ml
Ponche de frutas	208 ml

   a. Jen se toma el jugo de manzana y el agua. ¿Cuántos mililitros bebe en total?

   Jen bebe _____ ml.

   b. Kevin se toma la leche y el ponche de frutas. ¿Cuántos mililitros bebe en total?

Lección 15:   Sumar medidas usando el algoritmo estándar para formar unidades más grandes una vez.

147

© 2019 Great Minds®. eureka-math.org

3. En 3.ᵉʳ grado hay 75 estudiantes. En 4.º grado hay 44 estudiantes más que los que hay en 3.ᵉʳ grado. ¿Cuántos estudiantes hay en 4.º grado?

4. El girasol de Sr. Green creció 29 centímetros en una semana. La siguiente semana creció 5 centímetros más que lo que había crecido la semana anterior. ¿Cuánto creció en total el girasol en esas dos semanas?

5. Kylie anota el peso de 3 objetos tal y como se muestra a continuación. ¿Cuáles son esos 2 objetos que puede poner en la balanza para que iguale el peso de una bolsa de 460 g? Explica cómo lo sabes.

Libro de bolsillo	Banana	Barra de jabón.
343 gramos	108 gramos	117 gramos

Lección 15: Sumar medidas usando el algoritmo estándar para formar unidades más grandes una vez.

© 2019 Great Minds®. eureka-math.org

EUREKA MATH

1. Encuentra las sumas.

a. 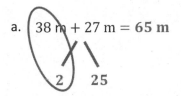 38 m + 27 m = **65 m**

> Puedo usar cálculos mentales para resolver este problema. Puedo descomponer 27 como 2 y 25. Después puedo resolver 40 m + 25 m, lo cual es 65 m.

b. 358 kg + 167 kg

> Puedo usar el algoritmo estándar para resolver este problema. Puedo alinear los números verticalmente y sumar.

$$\begin{array}{r} 385 \text{ kg} \\ +\ 167 \text{ kg} \\ \hline \underset{1}{} \\ 2 \end{array}$$

$$\begin{array}{r} 385 \text{ kg} \\ +\ 167 \text{ kg} \\ \hline \underset{11}{} \\ 52 \end{array}$$

$$\begin{array}{r} 385 \text{ kg} \\ +\ 167 \text{ kg} \\ \hline \underset{11}{} \\ 552 \text{ kg} \end{array}$$

> 5 unidades más 7 unidades es igual a 12 unidades. Puedo decir que 12 unidades son 1 decena 2 unidades.

> 8 decenas más 6 decenas es igual a 14 decenas. Más 1 decena más es 15 decenas. Puedo decir que 15 decenas es 1 centena 5 decenas.

> 3 centenas más 1 centena es igual a 4 centenas. Más 1 centena más es 5 centenas. La suma es 552 kg.

2. Matthew lee durante 58 minutos más en marzo que en abril. Lee durante 378 minutos en abril. Usa un diagrama de cinta para encontrar el total en minutos que Matthew leyó en marzo y abril.

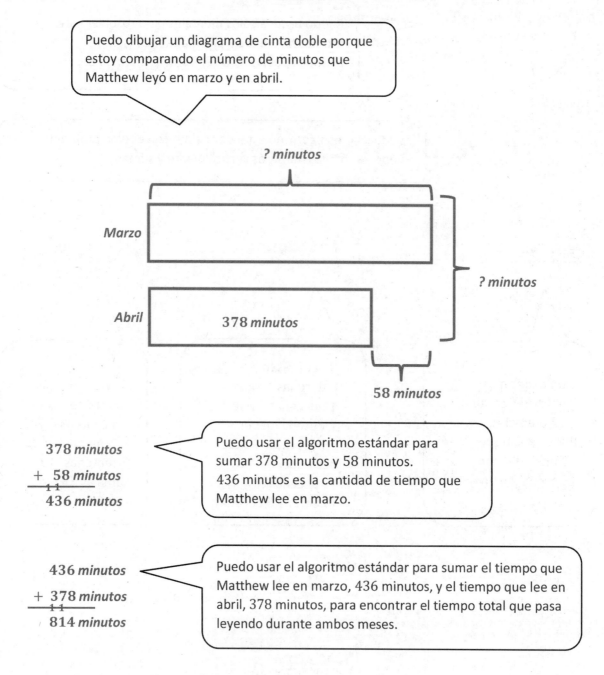

Puedo dibujar un diagrama de cinta doble porque estoy comparando el número de minutos que Matthew leyó en marzo y en abril.

? minutos

Marzo

Abril   378 minutos

? minutos

58 minutos

378 minutos
+ 58 minutos
  1 1
436 minutos

Puedo usar el algoritmo estándar para sumar 378 minutos y 58 minutos.
436 minutos es la cantidad de tiempo que Matthew lee en marzo.

436 minutos
+ 378 minutos
  1 1
814 minutos

Puedo usar el algoritmo estándar para sumar el tiempo que Matthew lee en marzo, 436 minutos, y el tiempo que lee en abril, 378 minutos, para encontrar el tiempo total que pasa leyendo durante ambos meses.

Matthew lee durante 814 minutos en marzo y abril.

150   Lección 16:   Sumar medidas usando el algoritmo estándar para formar unidades más grandes dos veces.

© 2019 Great Minds®. eureka-math.org

EUREKA MATH®

Nombre _____   Fecha _____

1. Encuentra las sumas de abajo.

   a.   47 m + 8 m

   b.   47 m + 38 m

   c.   147 m + 383 m

   d.   63 ml+ 9 ml

   e.   463 ml + 79 ml

   f.   463 ml + 179 ml

   g.   368 kg + 263 kg

   h.   508 kg + 293 kg

   i.   103 kg + 799 kg

   j.   4 l 342 ml + 2 l 214 ml

   k.   3 kg 296 g + 5 kg 326 g

EUREKA MATH

Lección 16:   Sumar medidas usando el algoritmo estándar para formar unidades más grandes dos veces.

© 2019 Great Minds®. eureka-math.org

151

2. LaSra. Haley asa un pavo durante 55 minutos. Lo revisa y decide asarlo durante 46 minutos adicionales. Usa un diagrama de cinta para encontrar los minutos totales que la Sra. Haley asa el pavo.

3. Un caballo miniatura pesa 268 kilogramos menos que un pony Shetland. Usa la tabla para encontrar el peso de un pony Shetland.

Tipos de caballos	Peso en kg
Pony Shetland	_____ kg
Saddlebred americano	478 kg
Caballo Clydesdale	_____ kg
Cabello miniatura	56 kg

4. Un caballo Clydesdale pesa tanto como un pony Shetland y un caballo Saddlebred americano juntos. ¿Cuánto pesa un caballo Clydesdale?

Lección 16: Sumar medidas usando el algoritmo estándar para formar unidades más grandes dos veces.

EUREKA MATH

Lucy compra una manzana que pesa 152 gramos. Ella compra una banana que pesa 109 gramos.

a. Calcula aproximadamente el peso total de la manzana y la banana haciendo un redondeo.

$152 \approx 200$

$109 \approx 100$

> Puedo redondear cada número a la centena más cercana.

$200\ gramos + 100\ gramos = 300\ gramos$

> Puedo sumar los números redondeados para calcular aproximadamente el peso total de la manzana y la banana. El peso total es alrededor de 300 gramos.

b. Calcula aproximadamente el peso total de la manzana y la banana redondeando de una manera distinta.

$152 \approx 150$

$109 \approx 110$

> Puedo redondear cada número a la decena más cercana.

$150\ gramos + 110\ gramos = 260\ gramos$

> Puedo sumar los números redondeados para aproximar el peso total de la manzana y la banana. El peso total es alrededor de 260 gramos.

c. Calcula el verdadero peso total de la manzana y la banana. ¿Cuál método de redondeo fue más preciso? ¿Por qué?

$$\begin{aligned} 152\ &gramos \\ +\ 109\ &gramos \\ \hline 261\ &gramos \end{aligned}$$

Redondear a la decena de gramos más cercana fue más preciso porque cuando redondeo a la decena de gramos más cercana, el cálculo aproximado es de 260 gramos y la respuesta verdadera es 261 gramos. ¡El cálculo aproximado y la respuesta verdadera están a solo 1 gramo de diferencia! Cuando redondeo a la centena de gramos más cercana, el cálculo aproximado es 300 gramos, lo cual no está tan cerca de la respuesta verdadera.

> Puedo usar el algoritmo estándar para encontrar el verdadero peso total de la manzana y la banana.

Nombre _____ Fecha _____

1. Cathy recolectó la siguiente información sobre sus perros, Stella y Oliver.

Stella	
Tiempo bañándose	Peso
36 minutos	32 kg

Oliver	
Tiempo bañándose	Peso
25 minutos	7 kg

Usa la información de las tablas para contestar las siguientes preguntas.

a. Estima el peso total de Stella y Oliver.

b. ¿Cuál es el peso total real de Stella y Oliver?

c. Estima la cantidad total de tiempo que Cathy pasa bañando a los perros.

d. ¿Cuál es la cantidad total de tiempo real que Cathy pasa bañando a los perros?

e. Explica cómo estimar te ayuda a comprobar si tu respuesta es lógica.

EUREKA MATH

Lección 17: Estimar las sumas por redondeo y aplicarlas para resolver problemas escritos con medidas.

© 2019 Great Minds®. eureka-math.org

155

2. Dena lee 361 minutos durante la Semana 1 del Read-A-Thon de dos semanas de su escuela. Ella lee 212 minutos durante la Semana 2 en el Read-A-Thon.

   a. Estima la cantidad total de tiempo que Dena lee durante el Read-A-Thon por redondeo.

   b. Estima la cantidad total de tiempo que Dena lee durante el Read-A-Thon mediante el redondeo de una manera diferente.

   c. Calcula el número real de minutos que Dena lee durante el Read-A-Thon. ¿Qué método de redondeo fue más preciso? ¿Por qué?

EUREKA MATH

1. Resuelve el problema de resta a continuación.

a. $50 \text{ cm} - 24 \text{ cm} = \mathbf{26 \text{ cm}}$

> Puedo usar el cálculo mental para resolver este problema de resta. No tengo que escribirlo verticalmente. También puedo pensar en mi trabajo con los cuartos. Sé que $50 - 25 = 25$. Pero ya que solo estoy restando 24, necesito agregar 1 más a 25. Así que la respuesta es 26 cm.

b. $507 \text{ g} - 234 \text{ g}$

$$\begin{array}{r} 507 \text{ g} \\ -\ 234 \text{ g} \\ \hline \end{array}$$

> Antes de restar, necesito ver si hay que desagrupar alguna decena o centena. Puedo ver que hay suficientes unidades para restar 4 unidades de 7 unidades. No hay necesidad de desgrupar una decena.

$$\begin{array}{r} ^{4\ 10}\!\!\!\cancel{507} \text{ g} \\ -\ 234 \text{ g} \\ \hline \end{array}$$

> Pero aún no puedo restar. No hay suficientes decenas para restar 3 decenas, así que necesito desarmar 1 centena para llegar a 10 decenas. Ya que desarmé 1 centena, ahora quedan 4 centenas.

$$\begin{array}{r} ^{4\ 10}\!\!\!\cancel{507} \text{ g} \\ -\ 234 \text{ g} \\ \hline 273 \text{ g} \end{array}$$

> Después de desagrupar, veo que hay 4 centenas, 10 decenas y 7 unidades. Ahora ya puedo hacer la resta. Ya que he preparado todos mis números a la vez, puedo restar de izquierda a derecha, o de derecha a izquierda. La respuesta es 273 gramos.

EUREKA MATH

Lección 18: Descomponer una vez para restar medidas incluyendo minuendos de tres dígitos con ceros en la posición de las decenas o de las unidades.

157

© 2019 Great Minds®. eureka-math.org

2. Renee compra 607 gramos de cerezas en el mercado el lunes. El miércoles, compra 345 gramos de cerezas. ¿Cuántos gramos más de cerezas compró Renee el lunes que el miércoles?

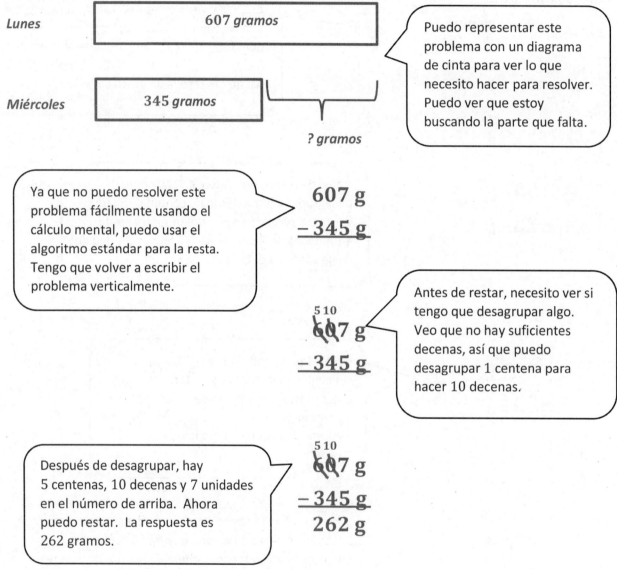

Renee compra 262 gramos más de cerezas el lunes que el miércoles.

Lección 18:   Descomponer una vez para restar medidas incluyendo minuendos de tres dígitos con ceros en la posición de las decenas o de las unidades.

© 2019 Great Minds®. eureka-math.org

EUREKA MATH

Nombre _____   Fecha _____

1. Resuelve los siguientes problemas de resta.

a. 70 L – 46 L

b. 370 L – 46 L

c. 370 L – 146 L

d. 607 cm – 32 cm

e. 592 cm – 258 cm

f. 918 cm – 553 cm

g. 763 g – 82 g

h. 803 g – 542 g

i. 572 km – 266 km

j. 837 km – 645 km

EUREKA MATH

Lección 18:   Descomponer una vez para restar medidas incluyendo minuendos de
tres dígitos con ceros en la posición de las decenas o de las unidades.

159

© 2019 Great Minds®. eureka-math.org

2. La revista pesa 280 gramos menos que el periódico. El peso del periódico se muestra más abajo. ¿Cuánto pesa la revista? Usa un diagrama de cinta para representar tu razonamiento.

 454 g

3. La tabla a la derecha muestra cuánto tarda jugar 3 juegos.

a. El juego de baloncesto de Francesca es 22 minutos más corto que el juego de béisbol de Lucas. ¿Cuánto dura el juego de baloncesto de Francesca?

Lucas Juego de béisbol	180 minutos
Joey Juego de fútbol	139 minutos
Francesca Juego de baloncesto	? minutos

b. ¿Cuánto más dura el juego de baloncesto de Francesca que el juego de fútbol de Joey?

Lección 18: Descomponer una vez para restar medidas incluyendo minuendos de tres dígitos con ceros en la posición de las decenas o de las unidades.

EUREKA MATH®

1. Resuelve el problemas de resta a continuación.

   a. 370 cm − 90 cm = **280 cm**

> Puedo usar el cálculo mental para resolver este problema de resta. No tengo que escribirlo verticalmente. Usando la estrategia de compensación, puedo agregar 10 a ambos números y razonar el problema como 380 − 100, lo cual es un cálculo fácil. La respuesta es 280 cm.

   b. 800 mL − 126 mL

$$\begin{array}{r} \overset{7\ 10}{\cancel{8\cancel{0}0}} \text{ mL} \\ -\ 126 \text{ mL} \end{array}$$

> Antes de restar, necesito ver si hay que desagrupar alguna decena o centena. No hay suficientes unidades para restar, así que puedo desagrupar 1 decena para llegar a 10 unidades. Pero hay 0 decenas, así que puedo desagrupar 1 centena para hacer 10 decenas. Después hay 7 centenas y 10 decenas.

$$\begin{array}{r} \overset{\ \ 9}{\overset{7\ \cancel{10}\,10}{\cancel{8\cancel{0}0}}} \text{ mL} \\ -\ 126 \text{ mL} \end{array}$$

> Aún no puedo restar porque tengo que desagrupar 1 decena para hacer 10 unidades. Después hay 9 decenas y 10 unidades.

$$\begin{array}{r} \overset{\ \ 9}{\overset{7\ \cancel{10}\,10}{\cancel{8\cancel{0}0}}} \text{ mL} \\ -\ 126 \text{ mL} \\ \hline 674 \text{ mL} \end{array}$$

> Después de desagrupar, puedo ver que tengo 7 centenas, 9 decenas y 10 unidades. Ahora puedo restar. Ya que he preparado todos mis números a la vez, puedo escoger entre sustraer de izquierda a derecha o de derecha a izquierda. La respuesta es 674 mL.

2. Kenny está manejando de Los Ángeles a San Diego. La distancia total es alrededor de 175 kilómetros. Le quedan 86 kilómetros para manejar. ¿Cuántos kilómetros ha manejado hasta el momento?

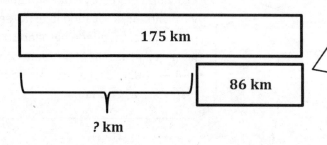

175 km

86 km

? km

Puedo representar este problema con un diagrama de cinta para averiguar lo que tengo que hacer para resolver. Puedo ver que estoy buscando la parte que falta.

Ya que no puedo resolver este problema fácilmente usando el cálculo mental, puedo usar el algoritmo estándar para la resta. Tengo que volver a escribir el problema verticalmente.

$$175 \text{ km}$$
$$- \ 86 \text{ km}$$

0 17
~~175~~ km
$$- \ 86 \text{ km}$$

Antes de restar, necesito ver si hay algo que desagrupar. Veo que no hay suficientes decenas o unidades, así que puedo desagrupar 1 centena para hacer 10 decenas. Después de desagrupar, hay 0 centenas y 17 decenas.

16
0 ~~17~~ 15
~~175~~ km
$$- \ 86 \text{ km}$$
$$89 \text{ km}$$

Puedo desagrupar 1 decena para hacer 10 unidades. Después de desagrupar, hay 0 centenas, 16 decenas y 15 unidades. Ahora puedo restar. La respuesta es 89 kilómetros.

Kenny ha manejado 89 km hasta el momento.

Lección 19:   Descomponer dos veces para restar medidas incluyendo minuendos de tres dígitos con ceros en la posición de las decenas y de las unidades.

© 2019 Great Minds®. eureka-math.org

EUREKA MATH®

Nombre _____   Fecha _____

1. Resuelve los siguientes problemas de resta.

a. 280 g – 90 g

b. 450 g – 284 g

c. 423 cm – 136 cm

d. 567 cm – 246 cm

e. 900 g – 58 g

f. 900 g – 358 g

g. 4 L 710 mL – 2 L 690 mL

h. 8 L 830 mL – 4 L 378 mL

EUREKA
MATH

Lección 19:   Descomponer dos veces para restar medidas incluyendo minuendos de
tres dígitos con ceros en la posición de las decenas y de las unidades.

163

© 2019 Great Minds®. eureka-math.org

2. El peso total una jirafa y su cría es de 904 kilogramos. ¿Cuánto pesa la cría? Usa un diagrama de cinta para representar tu análisis.

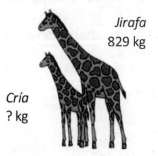

Jirafa
829 kg

Cría
? kg

3. El canal de Erie recorre 584 kilómetros de Albany a Búfalo. Salvador viaja por el canal desde Albany. Él debe viajar 396 kilómetros más antes de llegar a Búfalo. ¿Cuántos kilómetros ha recorrido hasta ahora?

4. El Sr. Nguyen llena dos piscinas inflables. La piscina para niños tiene capacidad para 185 litros de agua. La piscina más grande tiene capacidad para 600 litros de agua. ¿Para cuánta más agua tiene capacidad la piscina más grande que la piscina para niños?

Lección 19:   Descomponer dos veces para restar medidas incluyendo minuendos de
                 tres dígitos con ceros en la posición de las decenas y de las unidades.

EUREKA
MATH®

Esther mide una cuerda. Mide un total de 548 centímetros de cuerda y la corta en dos pedazos. El primer pedazo mide 152 centímetros de largo. ¿Cuán largo es el segundo pedazo de cuerda?

a. Calcula aproximadamente el largo del segundo pedazo de cuerda por medio del redondeo.

$548 \text{ cm} \approx 500 \text{ cm}$

$152 \text{ cm} \approx 200 \text{ cm}$

Puedo redondear cada número a la centena más cercana para mi primer cálculo aproximado. Noto que ambos números están lejos de la centena.

$500 \text{ cm} - 200 \text{ cm} = 300 \text{ cm}$

El segundo pedazo de cuerda mide alrededor de 300 cm de largo.

b. Calcula aproximadamente el largo del segundo pedazo de cuerda redondeando de una manera distinta.

$548 \text{ cm} \approx 550 \text{ cm}$

$152 \text{ cm} \approx 150 \text{ cm}$

Puedo redondear cada número a la centena más cercana para mi segundo cálculo aproximado. ¡Guau, ambos números están cerca del cincuenta! Esto lo hace fácil de calcular.

$550 \text{ cm} - 150 \text{ cm} = 400 \text{ cm}$

El segundo pedazo de cuerda mide alrededor de 400 cm de largo.

c. ¿Cuánto mide exactamente el segundo pedazo de cuerda?

$$\begin{array}{r} {\scriptstyle 4\ 14} \\ \cancel{548} \text{ cm} \\ - 152 \text{ cm} \\ \hline 396 \text{ cm} \end{array}$$

Antes de prepararme para restar, puedo desagrupar 1 centena en 10 decenas.

El segundo pedazo de cuerda mide precisamente 396 cm de largo.

EUREKA MATH   Lección 20:   Estimar las diferencias por redondeo y aplicarlas para resolver problemas escritos con medidas.   165

© 2019 Great Minds®. eureka-math.org

d. ¿Tu respuesta es razonable? ¿Cuál cálculo aproximado estuvo más cerca de la respuesta exacta?

Con el redondeo a la decena más cercana estuve más cerca de la respuesta exacta y fue un cálculo mental fácil. El cálculo aproximado estuvo a solo 4 cm de la respuesta verdadera. De esta manera sé que mi respuesta es razonable.

Comparar mi respuesta verdadera con mi cálculo aproximado me ayuda a verificarlo porque si las respuestas son muy diferentes, probablemente cometí un error en mi cálculo.

Lección 20:   Estimar las diferencias por redondeo y aplicarlas para resolver problemas escritos con medidas.

EUREKA MATH®

Nombre _____   Fecha _____

Estima y después resuelve cada problema.

1. Melissa y su madre van en un viaje por carretera. Conducen 87 kilómetros antes de almorzar. Conducen 59 kilómetros después de almorzar.

    a. Estima cuántos kilómetros más condujeron antes de almorzar en comparación con los que condujeron después de almorzar redondeando a los 10 kilómetros más cercanos.

    b. ¿Exactamente cuánto más lejos condujeron antes de almorzar en comparación con después de almorzar?

    c. Compara tu estimación de (a) con tu respuesta de (b). ¿Es una respuesta lógica? Escribe una oración para explicar tu forma de pensar.

2. Amy mide el listón. Ella mide un total de 393 centímetros de listón y lo corta en dos piezas. La primera pieza es de 184 centímetros de largo. ¿Qué longitud tiene la segunda pieza del listón?

    a. Estima la longitud de la segunda pieza de listón mediante el redondeo de dos maneras diferentes.

    b. ¿Exactamente qué longitud tiene la segunda pieza de listón? Explica por qué una estimación estaba más cerca.

Lección 20:   Estimar las diferencias por redondeo y aplicarlas para resolver problemas escritos con medidas.

© 2019 Great Minds®. eureka-math.org

167

3. El peso de una pierna de pollo, carne y jamón se muestra a la derecha. El pollo y la carne juntos pesan 341 gramos. ¿Cuánto pesa el jamón?

    a. Estima el peso del jamón por redondeo.

    b. ¿Cuánto pesa el jamón en realidad?

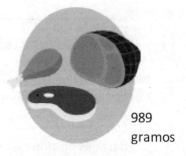

989 gramos

4. Kate utiliza 506 litros de agua cada semana para regar las plantas. Ella utiliza 252 litros para regar las plantas en el invernadero. ¿Cuánta agua utiliza para las otras plantas?

    a. Estima cuánta agua utiliza Kate para las otras plantas mediante redondeo.

    b. Estimar cuánta agua utiliza Kate para las otras plantas mediante redondeo de una manera diferente.

    c. ¿Cuánta agua utiliza Kate para las otras plantas? ¿Cuál fue la estimación más cercana? Explica por qué.

Lección 20:   Estimar las diferencias por redondeo y aplicarlas para resolver problemas escritos con medidas.

EUREKA MATH

Mia mide la longitud de tres pedazos de alambre. Las longitudes de los alambres aparecen a la derecha.

Alambre A	63 cm ≈ __60__ cm
Alambre B	75 cm ≈ __80__ cm
Alambre C	49 cm ≈ __50__ cm

a. Calcula aproximadamente la longitud total del Alambre A y el Alambre C. Después, encuentra la longitud total verdadera.

> Puedo redondear las longitudes de todos los alambres a la decena más cercana.

Cálculo aproximado: **60 cm + 50 cm = 110 cm**

> Puedo sumar las longitudes redondeadas de los Alambres A y C para calcular aproximadamente la longitud total.

Real: **63 cm + 49 cm = 112 cm**

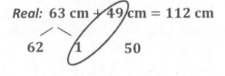

62   1   50

La longitud total es **112 cm.**

> Puedo usar el cálculo mental para resolver este problema. No tengo que escribirlo verticalmente. Puedo descomponer 63 como 62 y 1. Después puedo hacer la siguiente decena a 50 y después sumar 62.

b. Resta para calcular aproximadamente la diferencia entre la longitud total de los Alambres A y C y la longitud del Alambre B. Después, encuentra la diferencia real. Representa el problema con un diagrama de cinta.

Cálculo aproximado: **110 cm − 80 cm = 30 cm**

Real: **112 cm − 75 cm = 37 cm**

Alambre A + Alambre C	112 cm

> En el diagrama de cinta, veo que necesito resolver una parte desconocida.

Alambre B	75 cm	? cm

La diferencia es **37 cm.**

$$
\begin{array}{r}
\overset{10\ 12}{\cancel{112}}\text{ cm} \\
-\ 75\text{ cm} \\
\hline
37\text{ cm}
\end{array}
$$

> Puedo escribir este problema verticalmente. Puedo desagrupar 1 decena en 10 unidades. Puedo decir que 112 es 10 decenas y 12 unidades. Después puedo restar.

Nombre _____ Fecha _____

1. Hay 153 mililitros de jugo en 1 cartón. Una caja con tres paquetes de jugo contiene un total de 459 mililitros.

    a. Estima y luego encuentra la cantidad total de jugo en 1 cartón y en una caja de tres paquetes de jugo.

    153 mL + 459 mL ≈ _____ + _____ = _____

    153 mL + 459 mL = _____

    b. Estima y luego encuentra la diferencia real entre la cantidad en 1 cartón y en una caja de tres paquetes de jugo.

    459 mL – 153 mL ≈ _____ – _____ = _____

    459 mL – 153 mL = _____

    c. ¿Son lógicas tus respuestas? ¿Por qué?

2. El Sr. Williams posee una estación de gasolina. Él vende 367 litros de gasolina en la mañana, 300 litros de gasolina en la tarde y 219 litros de gasolina en la noche.

    a. Estima y luego encuentra la cantidad total real de gasolina que él vende en un día.

    b. Estima y luego encuentra la diferencia real entre la cantidad de gasolina que el Sr. Williams vende en la mañana y la cantidad que vende en la noche.

Lección 21: Estimar sumas y restas de medidas por redondeo y después resolver problemas escritos mixtos.

171

© 2019 Great Minds®. eureka-math.org

3. El Equipo Azul corre un relevo. La tabla muestra el tiempo, en minutos, que cada miembro del equipo emplea corriendo.

Equipo Azul	Tiempo en minutos
Jen	5 minutos
Kristin	7 minutos
Lester	6 minutos
Evy	8 minutos
Total	

   a. ¿Cuántos minutos le toma al Equipo Azul correr el relevo?

   b. El Equipo Rojo emplea 37 minutos corriendo el relevo. Estima y luego encuentra la diferencia real en tiempo entre los dos equipos.

4. A la derecha se muestran las longitudes de los tres estandartes.

Estandarte A	437 cm
Estandarte B	457 cm
Estandarte C	332 cm

   a. Estima y luego encuentra la longitud total real del Estandarte A y el Estandarte C.

   b. Estima y luego encuentra la diferencia real en longitud entre el Estandarte B y la longitud combinada del Estandarte A y el Estandarte C. Modela el problema con un diagrama de cinta.

Lección 21: Estimar sumas y restas de medidas por redondeo y después resolver problemas escritos mixtos.

EUREKA
MATH

3.er grado
Módulo 3

1. Escribe dos operaciones de multiplicación para cada matriz.

Esta matriz muestra 3 filas de 7 puntos, o 3 sietes. 3 sietes también puede escribirse como $3 \times 7 = 21$. También puedo escribirlo como $7 \times 3 = 21$ usando la propiedad conmutativa.

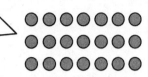

$\underline{\quad 21 \quad} = \underline{\quad 3 \quad} \times \underline{\quad 7 \quad}$

$\underline{\quad 21 \quad} = \underline{\quad 7 \quad} \times \underline{\quad 3 \quad}$

2. Haz que las expresiones correspondan.

La propiedad conmutativa dice que aún si el orden de los factores cambia, ¡el producto sigue siendo el mismo!

a. 4×7 6 tres

b. 3 seis 7×4

3. Completa las ecuaciones.

Esta ecuación muestra que ambos lados equivalen a la misma cantidad. Ya que los factores 7 y 2 se dan, solo tengo que completar las incógnitas con los factores correctos para mostrar que cada lado equivale a 14.

a. $7 \times \underline{2} = \underline{7} \times 2$

$= \underline{14}$

Esta ecuación muestra la estrategia de descomponer y distribuir que aprendí en el Módulo 1. 6 dos + 2 dos = 8 dos, u 8×2. Ya que sé que $2 \times 8 = 16$, también sé que $8 \times 2 = 16$ usando la propiedad conmutativa. Usar la propiedad conmutativa como estrategia me permite conocer muchas más operaciones de las que he practicado antes.

b. 6 dos + 2 dos = $\underline{8} \times \underline{2}$

$= \underline{16}$

EUREKA MATH®

Lección 1: Estudiar la propiedad conmutativa para encontrar operaciones conocidas de 6, 7, 8 y 9.

175

Nombre _____   Fecha _____

1. Completa la tabla a continuación.

    a.   Un triciclo tiene 3 ruedas.

Cantidad de triciclos	3		5		7
Número total de ruedas		12		18	

    b.   Un tigre tiene 4 patas.

Número de tigres			7	8	9
Número total de patas	20	24			

    c.   Un paquete tiene 5 borradores.

Número de paquetes	6				10
Número total de borradores		35	40	45	

2. Escribe dos operaciones de multiplicación para cada matriz.

_____ = _____ × _____

_____ = _____ × _____

_____ = _____ × _____

_____ = _____ × _____

3. Relaciona las expresiones.

3 × 6	7 tres
3 sietes	2 × 10
2 ochos	9 × 5
5 × 9	8 × 2
10 dos	6 × 3

4. Completa las ecuaciones.

a. 2 seises = _____ dos

    = __**12**__

b. _____ × 6 = 6 tres

    = _____

c. 4 × 8 = _____ × 4

    = _____

d. 4 × _____ = _____ × 4

    = __**28**__

e. 5 dos + 2 dos = _____ × _____

    = _____

f. _____ cincos + 1 cinco = 6 × 5

    = _____

Lección 1:   Estudiar la propiedad conmutativa para encontrar operaciones
conocidas de 6, 7, 8 y 9.

© 2019 Great Minds®. eureka-math.org

EUREKA
MATH

1. Cada 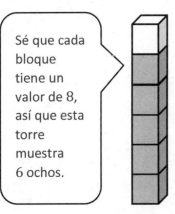 tiene un valor de 8.

> Sé que cada bloque tiene un valor de 8, así que esta torre muestra 6 ochos.

Forma unitaria: 6 ochos = __5__ ochos + __1__ ocho

$$= 40 + \underline{}8$$

$$= \underline{}48$$

> Los bloques sombreados y sin sombrear muestran 6 ochos descompuestos en 5 ochos y 1 ocho. Estas dos operaciones más pequeñas me ayudarán a resolver la operación más grande.

Operaciones:

$$\underline{}6 \times \underline{}8 = \underline{}48$$

$$\underline{}8 \times \underline{}6 = \underline{}48$$

> Usando la propiedad conmutativa, puedo resolver 2 operaciones de multiplicación, 6×8 y 8×6, y ambas equivalen a 48.

2. Hay 7 hélices en cada molinillo. ¿Cuántas hélices en total hay en 8 molinillos? Usa una operación de cinco para resolver.

> Necesito encontrar el valor de 8×7, u 8 sietes. Puedo dibujar una imagen. Cada punto tiene un valor de 7. Puedo usar mis operaciones de cinco, con las cuales estoy familiarizado/a, para descomponer 8 sietes como 5 sietes y 3 sietes.

$$8 \times 7 = (5 \times 7) + (3 \times 7)$$

$$= 35 + 21$$

$$= 56$$

> Así es que escribo la operación más grande como la suma de dos operaciones más pequeñas. Puedo sumar sus productos para encontrar la respuesta de la operación más grande. $8 \times 7 = 56$

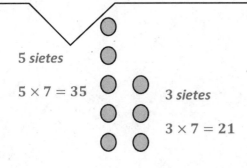

5 *sietes*

$5 \times 7 = 35$

3 *sietes*

$3 \times 7 = 21$

Hay 56 hélices en 8 molinillos.

EUREKA MATH

Lección 2: Aplicar las propiedades distributiva y conmutativa para relacionar operaciones de multiplicación 5 × n + n con 6 × n y n × 6, donde n es el tamaño de la unidad.

179

Nombre _____   Fecha _____

1. Cada tiene un valor de 9.

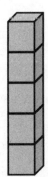

Forma de unidades: _____

Operaciones: 5 × _____ = _____ × 5

Total = _____

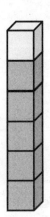

Forma de unidades: 6 nueves = _____ nueves + _____ nueves

= 45 + _____

= _____

Operaciones: _____ × _____ = _____

_____ × _____ = _____

Lección 2: Aplicar las propiedades distributiva y conmutativa para relacionar operaciones de multiplicación 5 × n + n con 6 × n y n × 6, donde n es el tamaño de la unidad.

181

EUREKA MATH®

© 2019 Great Minds®. eureka-math.org

2. Hay 6 cuchillas en cada molino de viento. ¿Cuántas cuchillas en total hay en 7 molinos de viento? Usa una operación de cincos para resolverlo.

3. Juanita organiza sus revistas en 3 pilas iguales. Ella tiene un total de 18 revistas. ¿Cuántas revistas hay en cada pila?

4. Marco gastó $27 en algunas pantas. Cada planta costó $9. ¿Cuántas plantas compró?

Lección 2:   Aplicar las propiedades distributiva y conmutativa para relacionar operaciones de multiplicación $5 \times n + n$ con $6 \times n$ y $n \times 6$, donde n es el tamaño de la unidad.

EUREKA MATH

1. Cada ecuación contiene una letra que representa la incógnita. Encuentra el valor de la incógnita.

$9 \div 3 = c$	$c = \underline{\ 3\ }$
$4 \times a = 20$	$a = \underline{\ 5\ }$

> Puedo pensar en este problema como una división, $20 \div 4$, para encontrar el factor desconocido.

2. Brian compra 4 cuadernos en la tienda por $8 cada uno. ¿Cuál es la cantidad total que Brian gasta en 4 cuadernos?
Usa la letra j representar la cantidad total que Brian gasta y después resuelve el problema.

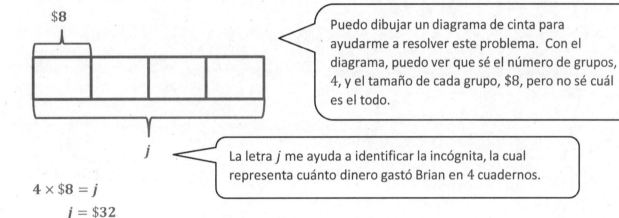

> Puedo dibujar un diagrama de cinta para ayudarme a resolver este problema. Con el diagrama, puedo ver que sé el número de grupos, 4, y el tamaño de cada grupo, $8, pero no sé cuál es el todo.

> La letra j me ayuda a identificar la incógnita, la cual representa cuánto dinero gastó Brian en 4 cuadernos.

$4 \times \$8 = j$

$j = \$32$

Brian gastó $32 *en 4 cuadernos.*

> Lo único que es diferente sobre usar una letra para resolver es que uso la letra para identificar las incógnitas en el diagrama de cinta y en la ecuación. Aparte de eso, no cambia la manera en la que la resuelvo. Descubrí que el valor de j es $32.

EUREKA MATH®

Lección 3:   Multiplicar y dividir con operaciones familiares usando una letra para representar la incógnita.

183

© 2019 Great Minds®. eureka-math.org

Nombre _____   Fecha _____

1. a. Completa el patrón.

30   60   90

  b. Encuentra el valor de la incógnita.

10 × 2 = d   d = _20_   10 × 6 = w   w = _____

3 × 10 = e   e = _____   10 × 7 = n   n = _____

f = 4 × 10   f = _____   g = 8 × 10   g = _____

p = 5 × 10   p = _____

2. Cada ecuación tiene una letra que representa la incógnita. Encuentra el valor de a incógnita.

8 ÷ 2 = n	n = _____
3 × a = 12	a = _____
p × 8 = 40	p = _____
18 ÷ 6 = c	c = _____
d × 4 = 24	d = _____
h ÷ 7 = 5	h = _____
6 × 3 = f	f = _____
32 ÷ y = 4	y = _____

EUREKA MATH

Lección 3: Multiplicar y dividir con operaciones familiares usando una letra para representar la incógnita.

© 2019 Great Minds®. eureka-math.org

185

3. Pedro compra 4 libros en la feria por $7 cada uno.

   a. ¿Cuál es la cantidad total que Pedro gasta en 4 libros? Usa la letra *b* para representar la cantidad total que Pedro gasta y luego resuelve el problema.

   b. Pedro entrega al cajero 3 billetes de diez dólares. ¿Cuánto cambio recibirá? Escribe una ecuación para resolver el problema. Usa la letra *c* para representar la incógnita.

4. En la excursión, la carrera de primer grado es de 25 metros de largo. La carrera del tercer grado es el doble de la distancia que la del primer grado. ¿Cuánto mide la carrera de tercer grado? Usa una letra para representar la incógnita y resuelve.

Lección 3:   Multiplicar y dividir con operaciones familiares usando una letra para representar la incógnita.

© 2019 Great Minds®. eureka-math.org

EUREKA
MATH

1. Usa vínculos numéricos para ayudarte a contar salteado de seis en seis, ya sea haciendo una decena o sumándole a las unidades.

$60 + 6 = \underline{\quad 66 \quad}$

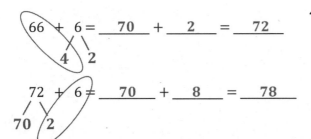

$66 + 6 = \underline{\quad 70 \quad} + \underline{\quad 2 \quad} = \underline{\quad 72 \quad}$

$72 + 6 = \underline{\quad 70 \quad} + \underline{\quad 8 \quad} = \underline{\quad 78 \quad}$

> Puedo descomponer un sumando para hacer una decena. Por ejemplo, veo que 66 solo necesita 4 más para hacer 70. Así que puedo descomponer 6 en 4 y 2. Entonces $66 + 4 = 70$, más 2 hace que sea 72. Es mucho más fácil sumar de una decena. Cuando mejoren mis habilidades haciendo esto, será sencillo sumar usando cálculos mentales.

2. Cuenta de seis en seis para llenar los espacios en blanco a continuación.

$6, \underline{\quad 12 \quad}, \underline{\quad 18 \quad}, \underline{\quad 24 \quad}$

> Puedo contar salteado para ver que 4 seis hacen 24.

Completa la ecuación de multiplicación que representa tu conteo salteado.

$6 \times \underline{\quad 4 \quad} = \underline{\quad 24 \quad}$

> 4 seis hacen 24, así que $6 \times 4 = 24$.

Completa la ecuación de división que representa tu conteo salteado.

$\underline{\quad 24 \quad} \div 6 = \underline{\quad 4 \quad}$

> Usaré una operación relacionada de división. $6 \times 4 = 24$, así que $24 \div 6 = 4$.

3. Cuenta de seis en seis para resolver $36 \div 6$. Muestra tu trabajo a continuación.

$6, 12, 18, 24, 30, 36$

$36 \div 6 = 6$

> Voy a contar salteado de seis en seis hasta llegar a 36. Después puedo contar para encontrar el número de seis que se necesita para hacer 36. Se necesitan 6 seis, así que $36 \div 6 = 6$.

Lección 4:   Contar en múltiplos de 6 para multiplicar y dividir usando vínculos numéricos   187
para descomponer.

© 2019 Great Minds®. eureka-math.org

Nombre _____   Fecha _____

1. Usa vínculos numéricos para contar de seis en seis ya sea completando un diez o sumando las unidades.

a. $6 + 6$ = ___10___ + ___2___ = _____

    4 2

b. $12 + 6$ = ___10___ + ___8___ = _____

    10 2

c. $18 + 6$ = _____ + _____ = _____

    2 4

d. $24 + 6$ = _____ + _____ = _____

    20 4

e. $30 + 6 =$ _____

f. $36 + 6$ = _____ + _____ = _____

    4 2

g. $42 + 6$ = _____ + _____ = _____

h. $48 + 6$ = _____ + _____ = _____

i. $54 + 6$ = _____ + _____ = _____

EUREKA MATH

Lección 4:   Contar en múltiplos de 6 para multiplicar y dividir usando vínculos numéricos para descomponer.

© 2019 Great Minds®. eureka-math.org

189

2. Cuenta de seis en seis para llenar los espacios en blanco.

6, _____, _____, _____, _____

Completa la ecuación de multiplicación que representa el último número en tu conteo.

6 × _____ = _____

Completa la ecuación de división que representa tu conteo.

_____ ÷ 6 = _____

3. Cuenta de seis en seis para llenar los espacios en blanco.

6, _____, _____, _____, _____

Completa la ecuación de multiplicación que representa el último número en tu conteo.

6 × _____ = _____

Completa la ecuación de división que representa tu conteo.

_____ ÷ 6 = _____

4. Cuenta de seis en seis para resolver $48 \div 6$. Muestra tu trabajo en el siguiente espacio.

Lección 4: Contar en múltiplos de 6 para multiplicar y dividir usando vínculos numéricos para descomponer.

EUREKA MATH

1. Usa los vínculos numéricos para ayudarte a contar salteado de siete en siete, ya sea haciendo una decena o sumándole a las unidades.

70 + 7 = ___77___

77 + 7 = ___80___ + ___4___ = ___84___
       3   4

84 + 7 = ___90___ + ___1___ = ___91___
       6   1

> Puedo descomponer un sumando para hacer una decena. Por ejemplo, veo que 77 solo necesita 3 más para hacer 80. Así que puedo descomponer 7 en 3 y 4. Después 77 + 3 = 80, más 4 hace que sea 84. Es mucho más fácil sumar de una decena. Cuando mejoren mis habilidades haciendo esto, será sencillo sumar usando cálculos mentales.

2. Cuenta de siete en siete para llenar los espacios en blanco. Después usa la ecuación de multiplicación para escribir la operación de división relacionada directamente a su derecha.

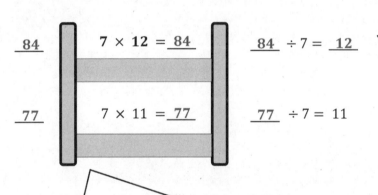

___84___   7 × 12 = __84__   ___84___ ÷ 7 = __12__

___77___   7 × 11 = __77__   ___77___ ÷ 7 = 11

> "Subo" la escalera contando de siete en siete. Contar salteado me ayuda a encontrar los productos de las operaciones de multiplicación. Primero encuentro la respuesta de la operación del peldaño de abajo. Apunto la respuesta en la ecuación y a la izquierda de la escalera. Después le sumo siete a mi respuesta para encontrar el siguiente número en mi conteo salteado. ¡El siguiente número en mi conteo salteado es el producto de la siguiente operación hacia arriba en la escalera!

> Cuando encuentro el producto de una operación contando salteado, puedo escribir la operación de división relacionada. El total, o el producto de la operación de multiplicación, se divide por 7. El cociente representa el número de sietes que conté salteado.

Lección 5:   Contar en múltiplos de 7 para multiplicar y dividir usando vínculos numéricos para descomponer.

© 2019 Great Minds®. eureka-math.org

191

Nombre _____   Fecha _____

1. Usa los vínculos numéricos para contar de siete en siete al hacer diez o sumarle a las unidades.

a. 7 + 7 = __10__ + __4__ = _____
        / \
       3   4

b. 14 + 7 = _____ + _____ = _____
          / \
         6   1

c. 21 + 7 = _____ + _____ = _____
       / \
     20   1

d. 28 + 7 = _____ + _____ = _____
        / \
       2   5

e. 35 + 7 = _____ + _____ = _____
        / \
       5   2

f. 42 + 7 = _____ + _____ = _____

g. 49 + 7 = _____ + _____ = _____

h. 56 + 7 = _____ + _____ = _____

EUREKA MATH®

Lección 5: Contar en múltiplos de 7 para multiplicar y dividir usando vínculos numéricos para descomponer.

© 2019 Great Minds®. eureka-math.org

193

2. Cuenta de siete en siete para llenar los espacios en blanco. Después, llena la ecuación de la multiplicación para escribir la operación de división relacionada directamente en la derecha.

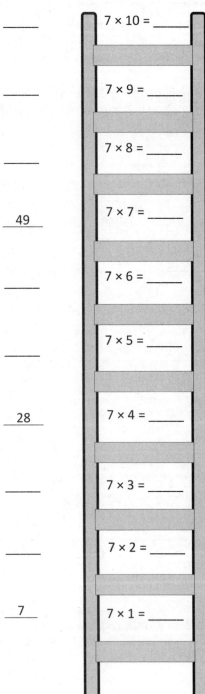

_____   7 × 10 = _____   _____ ÷ 7 = _____

_____   7 × 9 = _____   _____ ÷ 7 = _____

_____   7 × 8 = _____   _____ ÷ 7 = _____

49   7 × 7 = _____   _____ ÷ 7 = _____

_____   7 × 6 = _____   _____ ÷ 7 = _____

_____   7 × 5 = _____   _____ ÷ 7 = _____

28   7 × 4 = _____   _____ ÷ 7 = _____

_____   7 × 3 = _____   _____ ÷ 7 = _____

_____   7 × 2 = _____   _____ ÷ 7 = _____

7   7 × 1 = _____   _____ ÷ 7 = _____

Lección 5: Contar en múltiplos de 7 para multiplicar y dividir usando vínculos numéricos para descomponer.

EUREKA MATH

1. Identifica el diagrama de cinta. Después, llena los espacios en blanco a continuación para hacer que los enunciados sean verdaderos.

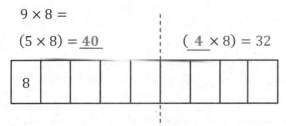

$9 \times 8 =$

$(5 \times 8) = \underline{40}$ $(\underline{4} \times 8) = 32$

8								

$9 \times 8 = (5 + \underline{4}) \times 8$

$\quad = (5 \times 8) + (\underline{4} \times 8)$

$\quad = \quad 40 \quad + \quad \underline{32}$

$\quad = \quad \underline{72}$

> Puedo pensar en 9×8 como 9 ochos y descomponer los 9 ochos en 5 ochos y 4 ochos. 5 ochos equivalen a 40 y 4 ochos equivalen a 32. Cuando sumo esos números, me doy cuenta que 9 ochos, o 9×8, equivalencia 72.

2. Descompón el 49 para resolver $49 \div 7$.

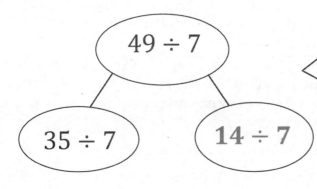

$49 \div 7$

$35 \div 7$ $14 \div 7$

> Puedo usar la estrategia de descomponer y distribuir para descomponer 49 en 35 y 14. Para mí es más fácil dividir esos números por 7. Sé que $35 \div 7 = 5$, y $14 \div 7 = 2$, así que $49 \div 7$ equivale a $5 + 2$, lo cual es 7.

$49 \div 7 = (35 \div 7) + (\underline{14} \div 7)$

$\quad = 5 + \underline{2}$

$\quad = \underline{7}$

3. 48 estudiantes del tercer grado se sientan en 6 filas iguales en el auditorio. ¿Cuántos estudiantes se sientan en cada fila? Muestra tu manera de pensar.

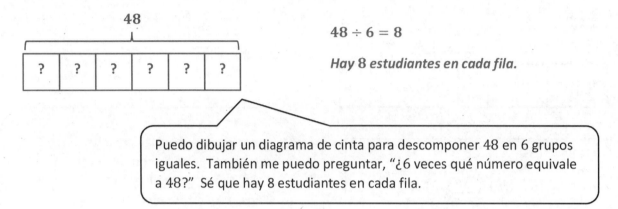

$48 \div 6 = 8$

Hay 8 estudiantes en cada fila.

Puedo dibujar un diagrama de cinta para descomponer 48 en 6 grupos iguales. También me puedo preguntar, "¿6 veces qué número equivale a 48?" Sé que hay 8 estudiantes en cada fila.

4. Ronaldo resuelve 6×9 pensando en eso como $(5 \times 9) + 9$. ¿Tiene razón? Explica la estrategia de Ronaldo.

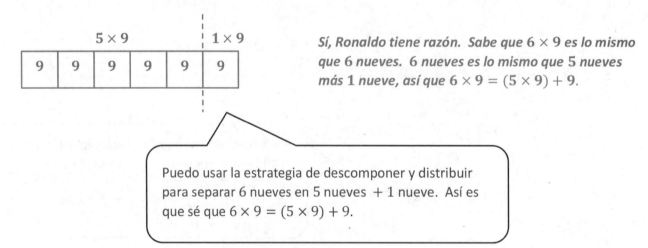

Sí, Ronaldo tiene razón. Sabe que 6×9 es lo mismo que 6 nueves. 6 nueves es lo mismo que 5 nueves más 1 nueve, así que $6 \times 9 = (5 \times 9) + 9$.

Puedo usar la estrategia de descomponer y distribuir para separar 6 nueves en 5 nueves $+ 1$ nueve. Así es que sé que $6 \times 9 = (5 \times 9) + 9$.

Lección 6:   Usar la propiedad distributiva como estrategia para multiplicar y dividir usando unidades de 6 y 7.

EUREKA
MATH®

Nombre _____   Fecha _____

1. Identifica los diagramas de cinta. Luego, llena los espacios en blanco a continuación para que los enunciados sean verdaderos.

a. **6 × 7** = _____

(5 × 7) = _____   (____ × 7) = _____

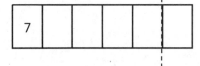

| **(6 × 7)** = (5 + 1) × 7 |
| = (5 × 7) + (1 × 7) |
| = __35__ + _____ |
| = _____ |

b. **7 × 7** = _____

(5 × 7) = _____   (____ × 7) = _____

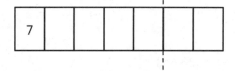

| **(7 × 7)** = (5 + 2) × 7 |
| = (5 × 7) + (2 × 7) |
| = __35__ + _____ |
| = _____ |

c. **8 × 7** = _____

(5 × 7) = _____   (____ × 7) = _____

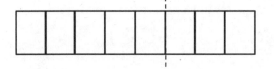

| **8 × 7** = (5 + _____) × 7 |
| = (5 × 7) + (____ × 7) |
| = __35__ + _____ |
| = _____ |

d. **9 × 7** = _____

(5 × 7) = _____   (____ × 7) = _____

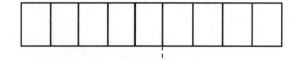

| **9 × 7** = (5 + _____) × 7 |
| = (5 × 7) + (____ × 7) |
| = __35__ + _____ |
| = _____ |

EUREKA MATH®

Lección 6:   Usar la propiedad distributiva como estrategia para multiplicar y dividir usando unidades de 6 y 7.

© 2019 Great Minds®. eureka-math.org

197

2. Descompón 54 para resolver 54 ÷ 6.

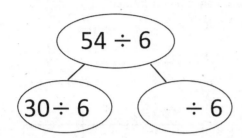

54 ÷ 6 = (30 ÷ 6) + (_____ ÷ 6)

        = 5 + _____

        = _____

3. Descompon 56 para resolver 56 ÷ 7.

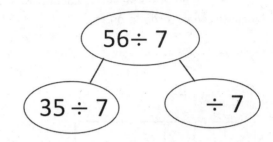

56 ÷ 7 = (_____ ÷ _____) + (_____ ÷ _____)

        = 5 + _____

        = _____

4. Cuarenta y dos estudiantes de tercer grado se sientan en 6 filas iguales en el auditorio. ¿Cuántos estudiantes se sientan en cada fila? Muestra tu razonamiento.

5. Roberto resuelve 7 × 6 al razonarlo como (5 × 7) + 7. ¿Tiene razón? Explica la estrategia de Roberto.

Lección 6:   Usar la propiedad distributiva como estrategia para multiplicar y dividir usando
                                 unidades de 6 y 7.

EUREKA
MATH®

1. Empareja las palabras en la flecha con la ecuación correcta en el blanco.

    7 veces un número equivale a 56.

    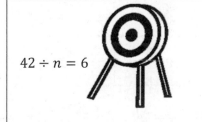

    $42 \div n = 6$

    Las ecuaciones usan n para representar el número desconocido. Cuando leo cuidadosamente las palabras a la izquierda, puedo escoger la ecuación correcta a la derecha.

    42 dividido entre un número equivale a 6.

    $7 \times n = 56$

2. Ari vende 7 cajas de lapiceros en la tienda escolar.

    a. Cada caja de lapiceros cuesta $6. Dibuja un diagrama de cinta e identifica la cantidad total de dinero que gana Ari como m dólares. Escribe una ecuación y resuelve m.

    m dólares

    | $6 | $6 | $6 | $6 | $6 | $6 | $6 |

    $7 \times 6 = m$

    $m = 42$

    Ari gana $42 vendiendo lapiceros.

    Estoy usando la letra m para representar cuánto dinero se gana Ari. Cuando encuentre el valor de m, sabré cuánto dinero gana Ari vendiendo lapiceros.

EUREKA MATH

Lección 7: Interpretar la incógnita en la multiplicación y la división para modelar y resolver problemas usando unidades de 6 y el 7.

199

© 2019 Great Minds®. eureka-math.org

b. Cada caja contiene 8 lapiceros. Dibuja un diagrama de cinta e identifica el número total de lapiceros como l. Escribe una ecuación y resuelve l.

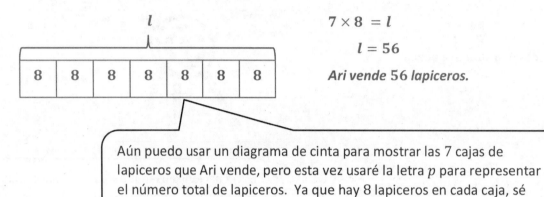

$7 \times 8 = l$

$l = 56$

Ari vende 56 lapiceros.

Aún puedo usar un diagrama de cinta para mostrar las 7 cajas de lapiceros que Ari vende, pero esta vez usaré la letra p para representar el número total de lapiceros. Ya que hay 8 lapiceros en cada caja, sé que el valor de p es 56.

3. El Sr. Lucas divide a 30 estudiantes en grupos iguales de 6 para un proyecto. Dibuja un diagrama de cinta e identifica el número de estudiantes en cada grupo como n. Escribe una ecuación y resuelve n.

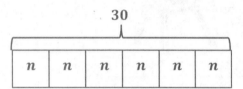

$30 \div 6 = n$

$6 \times n = 30$

$n = 5$

Hay 5 estudiantes en cada grupo.

Sé que se dividen 30 estudiantes en 6 grupos iguales, así que tengo que resolver $30 \div 6$ para averiguar cuántos estudiantes hay en cada grupo. Voy a usar la letra n para representar la incógnita. Para resolver, puedo pensar en esto como una división o como un problema de factor desconocido.

EUREKA MATH

Nombre _____ Fecha _____

1. Relaciona las palabras en la flecha con la ecuación correcta en la diana.

7 por un número es igual a 42

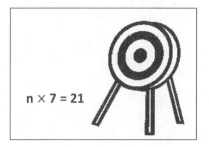

n × 7 = 21

63 dividido entre un número es igual a 9

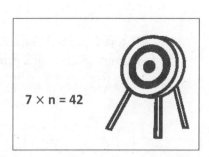

7 × n = 42

36 dividido entre un número es igual a 6

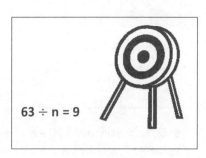

63 ÷ n = 9

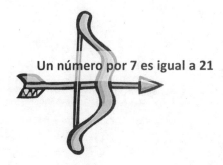

Un número por 7 es igual a 21

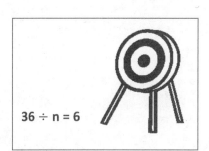

36 ÷ n = 6

EUREKA MATH

Lección 7: Interpretar la incógnita en la multiplicación y la división para modelar y resolver problemas usando unidades de 6 y el 7.

201

© 2019 Great Minds®. eureka-math.org

2. Ari vendió 6 cajas de plumas en la tienda de la escuela.

    a. Cada caja de plumas se vende por $7. Dibuja un diagrama de cinta e identifica como *m* la cantidad total de dinero que ganó. Escribe una ecuación y calcula el valor de *m*.

    b. Cada caja tiene 6 plumas. Dibuja un diagrama de cinta e identifica como *p* la cantidad total de plumas. Escribe una ecuación y calcula el valor de *p*.

3. El Sr. Lucas dividió a 28 estudiantes en 7 grupos iguales para un proyecto. Dibuja un diagrama de cinta e identifica como *n* la cantidad de estudiantes en cada grupo. Escribe una ecuación y calcula el valor de *n*.

Lección 7:   Interpretar la incógnita en la multiplicación y la división para modelar y resolver problemas usando unidades de 6 y el 7.

EUREKA
MATH

1. Resuelve.

a. $9 - (6 + 3) = \underline{\quad 0 \quad}$

Sé que los paréntesis significan que tengo que sumar $6 + 3$ primero. Después puedo restar esa suma de 9.

b. $(9 - 6) + 3 = \underline{\quad 6 \quad}$

Sé que los paréntesis significan que tengo que restar $9 - 6$ primero. Después puedo sumarle 3. Los números en las partes (a) y (b) son iguales, pero las respuestas son distintas en función del lugar en el que están ubicados los paréntesis.

2. Usa paréntesis para hacer que las ecuaciones sean verdaderas.

a. $13 = 3 + (5 \times 2)$

Puedo poner paréntesis alrededor de 5×2. Eso significa que primero multiplico 5×2, lo cual es 10, y después agrego 3 para llegar a 13.

b. $16 = (3 + 5) \times 2$

Puedo poner paréntesis alrededor de $3 + 5$. Eso significa que primero sumo $3 + 5$, lo cual es 8, y después multiplico por 2 para llegar a 16.

3. Determina si la ecuación es verdadera o falsa.

a. $(4 + 5) \times 2 = 18$	*Verdadera*
b. $5 = 3 + (12 \div 3)$	*Falsa*

Sé que la parte (a) es verdadera porque puedo sumar $4 + 5$, lo cual es 9. Después puedo multiplicar 9×2 para llegar a 18.

Sé que la parte (b) es falsa porque puedo dividir 12 entre 3, lo cual es 4. Después puedo sumar $4 + 3$. $4 + 3$ equivale a 7, no 5.

Lección 8: Comprender la función de los paréntesis y aplicarlos a la resolución de problemas.

© 2019 Great Minds®. eureka-math.org

4. Julie dice que la respuesta de $16 + 10 - 3$ es 23 sin importar en dónde se colocan los paréntesis. ¿Estás de acuerdo?

$$(16 + 10) - 3 = 23 \qquad\qquad\qquad 16 + (10 - 3) = 23$$

Estoy de acuerdo con Julie. Puse los paréntesis alrededor de $16 + 10$ y cuando resolví la ecuación obtuve con 23 porque $26 - 3 = 23$. Después moví los paréntesis y los puse alrededor de $10 - 3$. Cuando resté $10 - 3$ primero, volví a obtener 23 porque $16 + 7 = 23$. Aunque moví los paréntesis, ¡la respuesta no cambió!

Lección 8: Comprender la función de los paréntesis y aplicarlos a la resolución de problemas.

EUREKA MATH

Nombre _____   Fecha _____

1. Resuelve.

  a.   9 − (6 + 3) = _____   b.   (9 − 6) + 3 = _____

  c.   _____ = 14 − (4 + 2)   d.   _____ = (14 − 4) + 2

  e.   _____ = (4 + 3) × 6   f.   _____ = 4 + (3 × 6)

  g.   (18 ÷ 3) + 6 = _____   h.   18 ÷ (3 + 6) = _____

2. Usa los paréntesis para hacer las ecuaciones verdaderas.

  a.   14 − 8 + 2 = 4   b.   14 − 8 + 2 = 8   c.   2 + 4 × 7 = 30   d.   2 + 4 × 7 = 42

  e.   12 = 18 ÷ 3 × 2   f.   3 = 18 ÷ 3 × 2   g.   5 = 50 ÷ 5 × 2   h.   20 = 50 ÷ 5 × 2

EUREKA MATH®

Lección 8:   Comprender la función de los paréntesis y aplicarlos a la resolución
de problemas.

© 2019 Great Minds®. eureka-math.org

205

3. Determina si la ecuación es verdadera o falsa.

a. $(15 - 3) ÷ 2 = 6$	*Ejemplo:* Verdadero
b. $(10 - 7) × 6 = 18$	
c. $(35 - 7) ÷ 4 = 8$	
d. $28 = 4 × (20 - 13)$	
e. $35 = (22 - 8) ÷ 5$	

4. Jerónimo encontró que $(3 × 6) ÷ 2$ y $18 ÷ 2$ son iguales. Explica por qué esto es verdadero.

5. Coloca los paréntesis en la ecuación siguiente para que la resuelvas encontrando la diferencia entre 28 y 3. Escribe la respuesta.

$$4 × 7 - 3 = \underline{\hspace{2cm}}$$

6. Juan dice que la respuesta de $2 × 6 ÷ 3$ es 4 sin importar dónde coloque el paréntesis. ¿Estás de acuerdo? Coloca los paréntesis alrededor de diferentes números para ayudarte a explicar su razonamiento.

Lección 8:   Comprender la función de los paréntesis y aplicarlos a la resolución
              de problemas.

EUREKA
MATH

1. Usa la matriz para completar la ecuación.

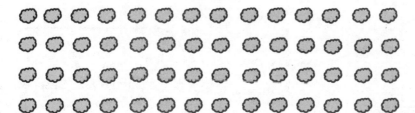

a. $4 \times 14 =$ ___56___

> Puedo usar la matriz para contar salteado de 4 en 4 para encontrar el producto.

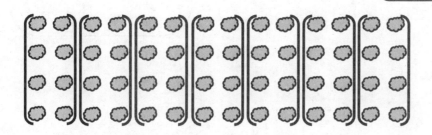

b. $(4 \times \underline{\ 2\ }) \times 7$

$= \underline{\ 8\ } \times \underline{\ 7\ }$

$= \underline{\ 56\ }$

> La matriz muestra que hay 7 grupos de 4×2.

> Volví a escribir 14 como 2×7. Después moví los paréntesis para hacer que la ecuación fuera $(4 \times 2) \times 7$. Puedo multiplicar 4×2 para llegar a 8. Después puedo multiplicar 8×7 para llegar a 56. ¡Volver a escribir 14 como 2×7 hizo que el problema fuera más fácil de resolver!

2. Coloca los paréntesis en las ecuaciones para simplificar y resolver.

$3 \times 21 = 3 \times (3 \times 7)$

$= (3 \times 3) \times 7$

$= \underline{\ 9\ } \times 7$

$= \underline{\ 63\ }$

> Puedo colocar los paréntesis alrededor de 3×3 y después multiplicar. 3×3 es igual a 9. Ahora puedo resolver la operación de multiplicación con más facilidad, 9×7.

3. Resuelve. Después, empareja las operaciones relacionadas.

   a. $24 \times 3 = $ ___72___ $9 \times (3 \times 2)$

   b. $27 \times 2 = $ ___54___ $8 \times (3 \times 3)$

   Puedo pensar en 27 como 9×3. Después, puedo mover los paréntesis para hacer la nueva expresión $9 \times (3 \times 2)$. $3 \times 2 = 6$, y $9 \times 6 = 54$, así que $27 \times 2 = 54$.

   Puedo pensar en 24 como 8×3. Después, puedo mover los paréntesis para hacer la nueva expresión $8 \times (3 \times 3)$. $3 \times 3 = 9$, y $8 \times 9 = 72$, así que $24 \times 3 = 72$.

Lección 9:   Modelar la propiedad asociativa como estrategia de Multiplicación.

EUREKA MATH

Nombre _____   Fecha _____

1. Usa la matriz para completar la ecuación.

a. 3 × 16 = _____

b. (3 × _____) × 8

= _____ × _____

= _____

c. 4 × 18 = _____

d. (4 × _____) × 9

= _____ × _____

= _____

EUREKA MATH®

Lección 9:   Modelar la propiedad asociativa como estrategia de multiplicación.

209

© 2019 Great Minds®. eureka-math.org

2. Coloca paréntesis en las ecuaciones para simplificar y resolver.

$12 \times 4 = (6 \times 2) \times 4$

$ = 6 \times (2 \times 4)$

$ = 6 \times \underline{\textbf{8}}$

$= \underline{\textbf{48}}$

a. $3 \times 14 = 3 \times (2 \times 7)$

$ = 3 \times 2 \times 7$

$ = \underline{} \times 7$

$= \underline{}$

b. $3 \times 12 = 3 \times (3 \times 4)$

$ = 3 \times 3 \times 4$

$ = \underline{} \times 4$

$= \underline{}$

3. Resuelve. Luego, relaciona las operaciones relacionadas.

a. $20 \times 2 = \underline{\textbf{40}} =$ $6 \times (5 \times 2)$

b. $30 \times 2 = \underline{} =$ $8 \times (5 \times 2)$

c. $35 \times 2 = \underline{} =$ $4 \times (5 \times 2)$

d. $40 \times 2 = \underline{} =$ $7 \times (5 \times 2)$

Lección 9: Modelar la propiedad asociativa como estrategia de multiplicación.

EUREKA MATH

© 2019 Great Minds®. eureka-math.org

1. Identifica la matriz. Después, completa los espacios en blanco para hacer que los enunciados sean verdaderos.

$8 \times 6 = 6 \times 8 = $ __48__

$(6 \times 5) = $ __30__ $(6 \times $ __3__ $) = $ __18__

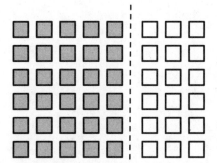

Puedo usar la matriz para ayudarme a completar los espacios en blanco. La matriz muestra 8 descompuesto en 5 y 3.
La parte sombreada muestra $6 \times 5 = 30$ y la parte no sombreada muestra $6 \times 3 = 18$.
Puedo sumar los productos de las matrices más pequeñas para encontrar el total para la matriz entera. $30 + 18 = 48$, así que $8 \times 6 = 48$.

$8 \times 6 = 6 \times (5 + $ __3__ $)$
$\quad\quad\quad = (6 \times 5) + (6 \times $ __3__ $)$
$\quad\quad\quad = \quad 30 \quad + \quad$ __18__
$\quad\quad\quad = $ __48__

Las ecuaciones muestran el mismo trabajo que acabo de hacer con la matriz.

2. Descompón y distribuye para resolver $64 \div 8$.

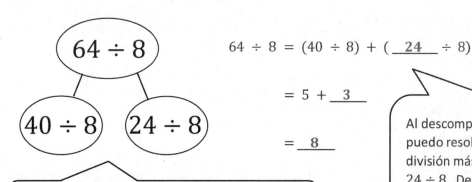

$64 \div 8 = (40 \div 8) + ($ __24__ $\div 8)$

$\quad\quad\quad\quad = 5 + $ __3__

$\quad\quad\quad\quad = $ __8__

Al descomponer 64 como 40 y 24, puedo resolver las operaciones de división más fáciles $40 \div 8$ y $24 \div 8$. Después puedo sumar los cocientes para resolver $64 \div 8$.

Puedo usar un vínculo numérico para mostrar cómo descomponer $64 \div 8$.

EUREKA MATH®

Lección 10:   Usar la propiedad distributiva como estrategia de multiplicación y división.

211

3. Cuenta de 8 en 8. Después, empareja cada problema de multiplicación con su valor.

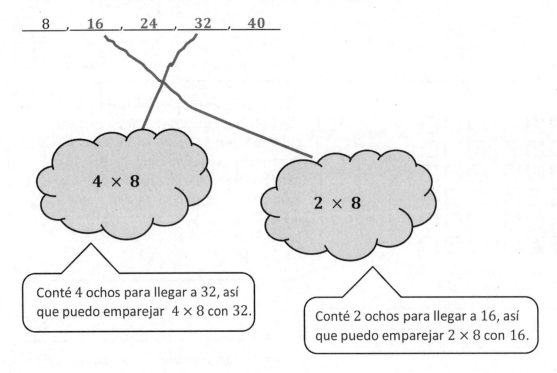

__8__ , __16__ , __24__ , __32__ , __40__

4 × 8

2 × 8

Conté 4 ochos para llegar a 32, así que puedo emparejar 4 × 8 con 32.

Conté 2 ochos para llegar a 16, así que puedo emparejar 2 × 8 con 16.

Lección 10:   Usar la propiedad distributiva como estrategia de multiplicación y división.

© 2019 Great Minds®. eureka-math.org

EUREKA MATH

Nombre _____   Fecha _____

1. Identifica la matriz. Luego, llena los espacios en blanco para hacer que los enunciados sean verdaderos.

$8 \times 7 = 7 \times 8 =$ _____

(7 × 5) = _____   (7 × _____) = _____

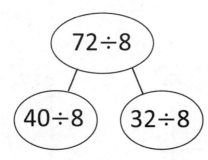

$8 \times 7 = 7 \times (5 +$ _____ $)$

$= (7 \times 5) + (7 \times$ _____ $)$

$=$ __35__ $+$ _____

$=$ _____

2. Descompón y distribuye para resolver 72 ÷ 8.

72 ÷ 8

40 ÷ 8   32 ÷ 8

$72 \div 8 = (40 \div 8) + ($ _____ $\div 8)$

$= 5 +$ _____

$=$ _____

3. Cuenta de 8 en 8. Luego, relaciona cada problema de multiplicación con su valor.

___8___, _____, _____, _____, _____, _____, _____, _____, _____, _____

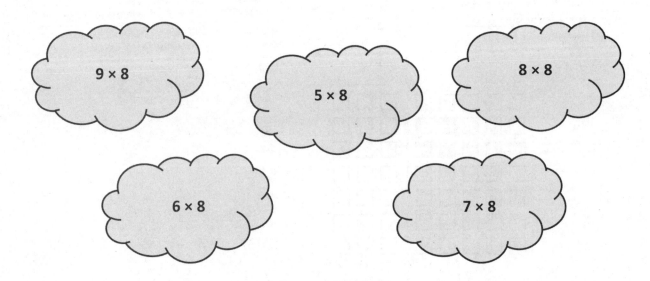

4. Divide.

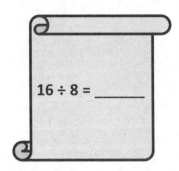 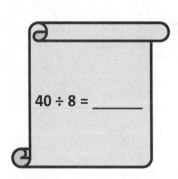 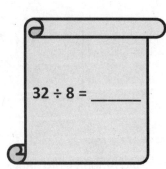

16 ÷ 8 = _____   40 ÷ 8 = _____   32 ÷ 8 = _____

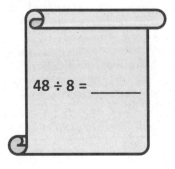 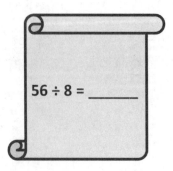 

48 ÷ 8 = _____   56 ÷ 8 = _____   72 ÷ 8 = _____

Lección 10:   Usar la propiedad distributiva como estrategia de multiplicación y división.

EUREKA MATH®

1. Hay 8 lápices en una caja. Corey compra 3 cajas. Les da un número igual de lápices a 4 amigos. ¿Cuántos lápices recibe cada amigo?

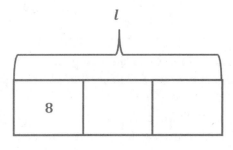

$3 \times 8 = p$

$p = 24$

Puedo multiplicar 3×8 para encontrar el número total de lápices que Corey compra. Ahora tengo que averiguar cuántos lápices recibe cada amigo.

Puedo dibujar un diagrama de cinta para ayudarme a resolver. Sé que el número de grupos es 3 y el tamaño de cada grupo es 8. Necesito resolver el número total de lápices. Puedo usar la letra l para representar la incógnita.

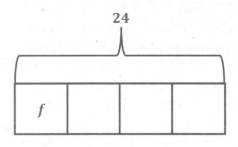

Puedo dibujar un diagrama de cinta con 4 unidades para representar los 4 amigos. Sé que el total es 24 lápices. Necesito resolver el tamaño de cada grupo. Puedo usar la letra f para representar la incógnita.

$24 \div 4 = f$

$f = 6$

Puedo dividir 24 por 4 para encontrar el número de lápices que cada amigo recibe.

Cada amigo recibe 6 lápices.

Lección 11: Interpretar la incógnita en la multiplicación y la división para modelar y resolver problemas.

215

2. Lilly gana $7 por cada hora que trabaja como niñera. Ella trabaja como niñera por 8 horas. Lilly usa su dinero del trabajo de niñera para comprar un juguete. Después de comprar el juguete, le quedan $39. ¿Cuánto dinero se gastó Lilly en el juguete?

b

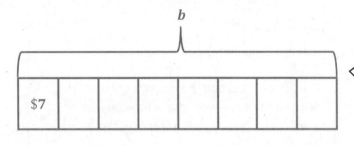

Puedo dibujar un diagrama de cinta para ayudarme a resolver. Sé que el número del grupo es 8 y el tamaño de cada grupo es $7.
Necesito resolver la cantidad total de dinero. Puedo usar la letra *b* para representar la incógnita.

$8 \times \$7 = b$

$b = \$56$

Puedo multiplicar $8 \times \$7$ para encontrar la cantidad total de dinero que Lilly gana trabajando como niñera. Ahora necesito averiguar cuánto dinero gastó en el juguete.

$56

$39	*c*

Puedo dibujar un diagrama de cinta con dos partes y un total de $56. Una parte representa la cantidad de dinero que le queda a Lilly, $39. La otra parte es la incógnita y representa la cantidad de dinero que Lilly gastó en el juguete. Puedo usar la letra *c* para representar la incógnita.

$\$56 - \$39 = c$

Puedo restar $\$56 - \$39$ para encontrar la cantidad de dinero que Lilly gastó en el juguete.

$\$57 - \$40 = \$17$

Puedo usar la compensación para restar usando cálculos mentales. Puedo hacer eso sumando 1 a cada número, lo que hace que me sea más fácil de resolver.

$c = \$17$

$$\begin{array}{r} \overset{4}{\cancel{5}}\,\overset{16}{\cancel{6}} \\ \$\,5\,6 \\ -\$\,3\,9 \\ \hline \$\,1\,7 \end{array}$$

O puedo usar el algoritmo estándar de resta.

Lilly gastó $17 en el juguete nuevo.

Lección 11:   Interpretar la incógnita en la multiplicación y la división para modelar y resolver problemas.

EUREKA MATH®

Nombre _____   Fecha _____

1. Jenny hornea 10 galletas. Ella coloca 7 virutas de chocolate en cada galleta. Dibuja un diagrama de cinta y escribe la cantidad total de virutas de chocolate como *c*. Escribe una ecuación y resuelve para encontrar *c*.

2. El Sr. López coloca 48 marcadores de borrado en seco en 8 grupos iguales para sus estaciones de matemáticas. Dibuja un diagrama de cinta e identifica el número de marcadores de borrado en seco en cada grupo como *v*. Escribe una ecuación y resuelve para encontrar *v*.

3. Hay 35 computadoras en el laboratorio. Cinco estudiantes apagan un número igual de computadoras cada uno. ¿Cuántas computadoras apaga cada estudiante? Escribe la incógnita como *m* y luego resuelve.

Lección 11: Interpretar la incógnita en la multiplicación y la división para modelar y resolver problemas.

© 2019 Great Minds®. eureka-math.org

217

4. Hay 9 contenedores de libros. Cada uno tiene 6 libros de historietas. ¿Cuántos libros de historietas hay en total?

5. Hay 8 bolsas de trail mix (mezcla de frutos secos) en una caja. Clarissa compra 5 cajas. Ella da un número igual de bolsas de trail mix a 4 amigos. ¿Cuántas bolsas de trail mix recibe cada amigo?

6. Leo gana $8 cada semana por realizar quehaceres. Después de 7 semanas, compra un regalo y le sobran $38. ¿Cuánto dinero gasta en el regalo?

Lección 11:   Interpretar la incógnita en la multiplicación y la división para modelar y resolver problemas.

1. Cada 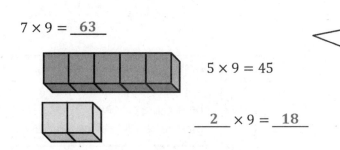 tiene un valor de 9. Encuentra el valor de cada fila. Después, suma las filas para encontrar el total.

$7 \times 9 = \underline{\ 63\ }$

$5 \times 9 = 45$

$\underline{\ 2\ } \times 9 = \underline{\ 18\ }$

> Sé que cada cubo tiene un valor de 9. Las 2 filas de cubos muestran 7 nueves descompuestos como 5 nueves y 2 nueves. Es la estrategia de descomponer y distribuir usando la familia de operaciones de cinco.

$$7 \times 9 = (5 + \underline{\ 2\ }) \times 9$$
$$= (5 \times 9) + (\underline{\ 2\ } \times 9)$$
$$= 45 + \underline{\ 18\ }$$
$$= \underline{\ 63\ }$$

> Para sumar 45 y 18, simplificaré quitándole 2 a 45. Le sumaré el 2 al 18 para que sea 20. Después puedo pensar en el problema como $43 + 20$.

2. Encuentra el valor total de los cubos sombreados.

$9 \times 7 =$

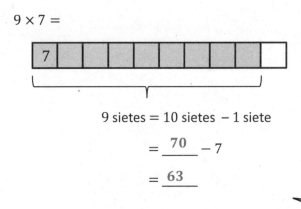

9 sietes $= 10$ sietes $- 1$ siete
$$= \underline{\ 70\ } - 7$$
$$= \underline{\ 63\ }$$

> Esto muestra una manera diferente de resolver. Puedo pensar en 7 nueves como 9 sietes. 9 está más cerca de 10 que de 5. Así que en vez de usar una operación de cinco, puedo usar una operación de diez para resolver. Tomo el producto de 10 sietes y les resto 1 siete.

> Esta estrategia hizo que la matemática fuera más sencilla y eficiente. ¡No me tardo en poder restar $70 - 7$ mentalmente!

3. James compra un paquete de tarjetas de béisbol. Cuenta 9 filas de 6 tarjetas. Él piensa en 10 seis para encontrar el número total de tarjetas. Muestra la estrategia que James pudo haber usado para encontrar el número total de tarjetas de béisbol.

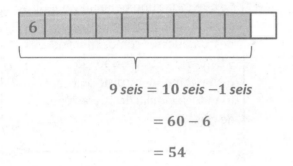

$$9 \text{ } seis = 10 \text{ } seis - 1 \text{ } seis$$

$$= 60 - 6$$

$$= 54$$

James usa la operación de diez para resolver la operación de nueve. Para resolver 9 seises, empieza con 10 seises y resta 1 seis.

James compró 54 tarjetas de béisbol.

Lección 12:   Aplicar la propiedad distributiva y la operación 9 = 10 – 1 como una estrategia
de multiplicación.

© 2019 Great Minds®. eureka-math.org

EUREKA
MATH

Nombre _____   Fecha _____

1. Determina el valor de cada fila. Luego suma las filas para encontrar el total.

a. Cada 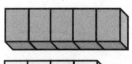 tiene un valor de 6.

9 × 6 = _____

5 × 6 = 30
4 × 6 = _____

b. Cada tiene un valor de 7.

9 × 7 = _____

5 × 7 = _____
_____ × 7 = _____

---

9 × 6 = (5 + 4) × 6

= (5 × 6) + (4 × 6)

= 30 + ____

= ____

---

9 × 7 = (5 + ____) × 7

= (5 × 7) + (____ × 7)

= 35 + ____

= ____

---

c. Cada 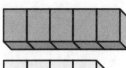 tiene un valor de 8.

9 × 8 = ____

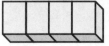

5 × 8 = _____
____ × 8 = _____

d. Cada 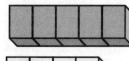 tiene un valor de 9.

9 × 9 = ____

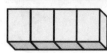

5 × 9 = _____
____ × 9 = _____

---

9 × 8 = (5 + ____) × 8

= (5 × 8) + (____ × ____)

= 40 + ____

= ____

---

9 × 9 = (5 + ____) × 9

= (5 × 9) + (____ × ____)

= 45 + ____

= ____

EUREKA MATH

Lección 12:   Aplicar la propiedad distributiva y la operación 9 = 10 − 1 como una estrategia de multiplicación.

© 2019 Great Minds®. eureka-math.org

221

2. Relaciona.

a. **9 cincos** = 10 cincos − 1 cinco

   = 50 − 5

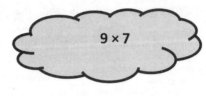

b. **9 seis** = 10 seis − 1 seis

   = _____ − 6

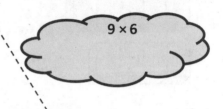

c. **9 sietes** = 10 sietes − 1 siete

   = _____ − 7

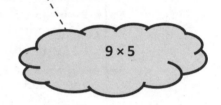

d. **9 ochos** = 10 ochos − 1 ocho

   = _____ − 8

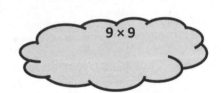

e. **9 nueves** = 10 nueves − 1 nueve

   = _____ − _____

f. **9 cuatros** = 10 cuatros − 1 cuatro

   = _____ − _____

Lección 12:   Aplicar la propiedad distributiva y la operación 9 = 10 − 1 como una estrategia de multiplicación.

© 2019 Great Minds®. eureka-math.org

EUREKA
MATH®

1. Completa para hacer que los enunciados sean verdaderos.

a. 10 más que 0 es ___10___,

1 menos es ___9___.

$1 \times 9 = $ ___9___

> Estos enunciados muestran una estrategia para simplificar el conteo salteado de nueve en nueve. Es un patrón de sumar 10 y después restarle 1.

b. 10 más que 9 es ___19___,

1 menos es ___18___.

$2 \times 9 = $ ___18___

> ¡Veo otro patrón! Comparo los dígitos en los lugares de las unidades y de las decenas de los múltiplos. Puedo ver que de un múltiplo al siguiente, el dígito en el lugar de las decenas sube por 1 y el dígito en el lugar de las unidades baja por 1.

c. 10 más que 18 es ___28___,

1 menos es ___27___.

$3 \times 9 = $ ___27___

2.

a. Analiza la estrategia de contar salteado en el Problema 1. ¿Cuál es el patrón?

El patrón es sumar 10 y después restar 1.

Para hacer una operación de nueve, sumas 10 y después restas 1.

b. Usa el patrón para encontrar las siguientes 2 operaciones. Muestra tu trabajo.

$4 \times 9 = $ $27 + 10 = 37$ $5 \times 9 = $ $36 + 10 = 46$

$37 - 1 = 36$ $46 - 1 = 45$

$4 \times 9 = 36$ $5 \times 9 = 45$

> Puedo verificar mis respuestas sumando los dígitos de cada múltiplo. Sé que los múltiplos de 9 tienen una suma de dígitos igual a 9. Si la suma no es igual a 9, he cometido un error. Sé que 36 es correcto porque $3 + 6 = 9$. Sé que 45 es correcto porque $4 + 5 = 9$.

Nombre _____ Fecha _____

1. a. Cuenta desde 90 hacia atrás de nueve en nueve.

   __90__ , _____ , __72__ , _____ , _____ , _____ , __36__ , _____ , _____ , _____

   b. Observa la posición de las *decenas* en el conteo. ¿Cuál es el patrón?

   c. Observa la posición de las *unidades* en el conteo. ¿Cuál es el patrón?

2. Cada ecuación tiene una letra que representa una incógnita. Encuentra el valor de cada incógnita.

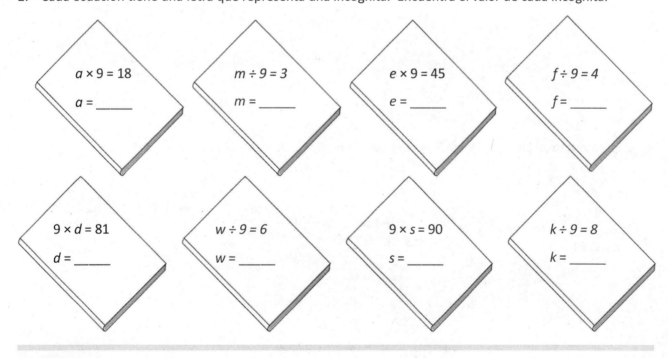

$a \times 9 = 18$

$a =$ _____

$m \div 9 = 3$

$m =$ _____

$e \times 9 = 45$

$e =$ _____

$f \div 9 = 4$

$f =$ _____

$9 \times d = 81$

$d =$ _____

$w \div 9 = 6$

$w =$ _____

$9 \times s = 90$

$s =$ _____

$k \div 9 = 8$

$k =$ _____

3. Resuelve.

   a. ¿Cuánto es 10 más que 0? _____

      ¿Cuánto es 1 menos? _____

      1 × 9 = _____

   b. ¿Cuánto es 10 más que 9? _____

      ¿Cuánto es 1 menos? _____

      2 × 9 = _____

   c. ¿Cuánto es 10 más que 18? _____

      ¿Cuánto es 1 menos? _____

      3 × 9 = _____

   d. ¿Cuánto es 10 más que 27? _____

      ¿Cuánto es 1 menos? _____

      4 × 9 = _____

   e. ¿Cuánto es 10 más que 36? _____

      ¿Cuánto es 1 menos? _____

      5 × 9 = _____

   f. ¿Cuánto es 10 más que 45? _____

      ¿Cuánto es 1 menos? _____

      6 × 9 = _____

   g. ¿Cuánto es 10 más que 54? _____

      ¿Cuánto es 1 menos? _____

      7 × 9 = _____

   h. ¿Cuánto es 10 más que 63? _____

      ¿Cuánto es 1 menos? _____

      8 × 9 = _____

   i. ¿Cuánto es 10 más que 72? _____

      ¿Cuánto es 1 menos? _____

      9 × 9 = _____

   j. ¿Cuánto es 10 más que 81? _____

      ¿Cuánto es 1 menos? _____

      10 × 9 = _____

4. Explica el patrón en el Problema 3 y usa el patrón para resolver las 3 operaciones siguientes.

   11 × 9 = _____

   12 × 9 = _____

   13 × 9 = _____

Lección 13:   Identificar y utilizar patrones aritméticos para multiplicar.

1. Tracy encuentra la respuesta de 7×9 doblando su índice derecho (según se muestra). ¿Cuál es la respuesta? Explica cómo usar la estrategia de los dedos de Tracy.

Primero, Tracy dobla el dedo que corresponde con el número de nueves, 7. Ella ve que hay 6 dedos a la izquierda del dedo doblado, el cual es el dígito en el lugar de la decena, y que hay 3 dedos a la derecha del dedo doblado, el cual es le dígito en el lugar de las unidades. Entonces los dedos de Tracy muestran que el producto de 7×9 es 63.

Para que esta estrategia funcione, tengo que imaginar que mis dedos tienen números del 1 al 10, el meñique en la izquierda sería el número 1 y el meñique en la derecha sería el número 10.

2. Chris escribe $54 = 9 \times 6$. ¿Tiene razón? Explica 3 estrategias que Chris puede usar para verificar su trabajo.

    Chris puede usar la estrategia de $9 = 10 - 1$ para verificar su respuesta.

    $$9 \times 6 = (10 \times 6) - (1 \times 6)$$
    $$= 60 - 6$$
    $$= 54$$

    También puede verificar su respuesta encontrando la suma de los dígitos en el producto para ver si equivale a 9. Ya que $5 + 4 = 9$, su respuesta es correcta.

    Una tercera estrategia para verificar su respuesta es usar el número de grupos, 6, para encontrar los dígitos en el lugar de las decenas y el lugar de las unidades del producto. Puede usar $6 - 1 = 5$ para encontrar el dígito en el lugar de las decenas y $10 - 6 = 4$ para encontrar el dígito en el lugar de las unidades. Esta estrategia también muestra que la respuesta de Chris es correcta.

Chris también puede usar la estrategia de sumar 10 y restar 1 para enumerar todas las operaciones de nueve, o puede usar la estrategia de descomponer y distribuir con operaciones de cinco. Por ejemplo, puede pensar en 9 seis como 5 seis + 4 seis. Hay muchas estrategias y patrones que pueden ayudar a Chris a verificar su trabajo con la multiplicación de nueve.

Nombre _____   Fecha _____

1. a.   Multiplica. Después, suma los dígitos en cada producto.

$10 \times 9 = 90$	$\underline{9} + \underline{0} = \underline{9}$
$9 \times 9 = 81$	$\underline{8} + \underline{1} = \underline{9}$
$8 \times 9 =$	$\underline{} + \underline{} = \underline{}$
$7 \times 9 =$	$\underline{} + \underline{} = \underline{}$
$6 \times 9 =$	$\underline{} + \underline{} = \underline{}$
$5 \times 9 =$	$\underline{} + \underline{} = \underline{}$
$4 \times 9 =$	$\underline{} + \underline{} = \underline{}$
$3 \times 9 =$	$\underline{} + \underline{} = \underline{}$
$2 \times 9 =$	$\underline{} + \underline{} = \underline{}$
$1 \times 9 =$	$\underline{} + \underline{} = \underline{}$

b.   ¿Qué patrón observaste en el Problema 1(a)? ¿Cómo puede ayudarte esta estrategia para revisar tu trabajo con las operaciones de nueves?

EUREKA
MATH

2. Tomás calcula 9 × 7 al razonarlo como 70 - 7 = 63. Explica la estrategia de Tomás.

3. Alexia encuentra la respuesta a 6 × 9 bajando su dedo índice derecho (como se muestra). ¿Cuál es la respuesta? Explica la estrategia de Alexia.

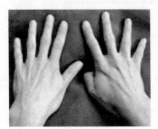

4. Travis escribe 72 = 9 × 8. ¿Tiene razón? Explica al menos 2 estrategias que Travis puede utilizar para revisar su trabajo.

Lección 14:   Identificar y utilizar patrones aritméticos para multiplicar.

EUREKA
MATH

Judy quiere darle a cada una de sus amigas una bolsa de 9 canicas. Tiene un total de 54 canicas. Cuando corre a dárselas a sus amigas, se emociona tanto que se le caen 2 bolsas y se le pierden. ¿Cuántas canicas en total le quedan para regalar?

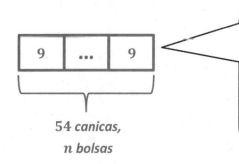

54 canicas, n bolsas

Puedo representar el problema usando un diagrama de cinta. Sé que Judy tiene un total de 54 canicas y que cada bolsa tiene 9 canicas. Al principio, no sé cuántas bolsas de canicas tiene Judy. Ya que sé que el tamaño de cada grupo es 9 pero como desconozco el número de grupos, pongo "..." entre las 2 unidades para mostrar que aún no sé cuántos grupos, o unidades, hay que dibujar.

n representa el número de bolsas de canicas

$54 \div 9 = n$

$n = 6$

Puedo usar la letra n para representar la incógnita, la cual es el número de bolsas que Judy tiene al principio. Puedo encontrar la incógnita dividiendo 54 por 9 para llegar a 6 bolsas. Pero 6 bolsas no contesta la pregunta, así que aún no termina mi trabajo con este problema.

Ahora puedo volver a dibujar mi modelo para mostrar las 6 bolsas de canicas. Sé que a Judy se le caen 2 bolsas y se le pierden. La incógnita es el número total de canicas que le quedan para regalar. Puedo representar esta incógnita con la letra m.

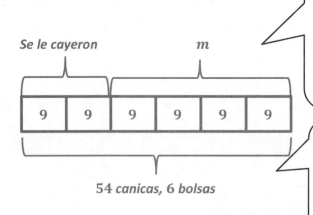

Se le cayeron m

54 canicas, 6 bolsas

En mi diagrama puedo ver que a Judy le quedan 4 bolsas de 9 canicas. Puedo escoger cualquiera de las estrategias de nueve para ayudarme a resolver 4×9. $4 \times 9 = 36$, lo que significa que queda un total de 36 canicas.

m representa el número total de canicas que quedan

$4 \times 9 = m$

$m = 36$

A Judy aún le quedan 36 canicas para regalar.

Leí el problema cuidadosamente y me aseguré de contestar con el número total de canicas, no el número de bolsas. Dar mi respuesta como un enunciado me ayuda a verificar que contesté el problema correctamente.

Nombre _____   Fecha _____

1. El empleado de la tienda divide en partes iguales 36 manzanas en 9 cestas. Dibuja un diagrama de cinta y usa la letra *a* para el número de manzanas en cada cesta. Escribe una ecuación y resuelve para encontrar *a*.

2. Elías da a cada uno de sus amigos un paquete de 9 almendras. Regala un total de 45 almendras. ¿Cuántos paquetes de almendras regaló? Representa utilizando una letra para la incógnita y después resuélvelo.

3. Denise compró 7 películas. Cada película cuesta $9. ¿Cuál es el costo total de 7 películas? Usa una letra para representar la incógnita. Resuélvelo.

Lección 15:   Interpretar la incógnita en la multiplicación y la división para modelar y resolver problemas.

© 2019 Great Minds®. eureka-math.org

233

4. El Sr. Doyle compartió 1 rollo de papel rayado en partes iguales con 8 maestros. La longitud total del rollo es 72 metros. ¿Cuánto papel rayado tiene cada maestro?

5. Hay 9 plumas en un paquete. La Srta. Ochoa compra 9 paquetes. Después de dar a sus estudiantes algunas plumas, ella tiene 27 plumas restantes. ¿Cuántas plumas regaló?

6. Allen compró 9 paquetes de tarjetas. Hay 10 tarjetas en cada paquete. Puede cambiar 30 tarjetas por un cómic. ¿Cuántos comics puede conseguir si cambia todas sus tarjetas?

Lección 15:   Interpretar la incógnita en la multiplicación y la división para modelar y resolver problemas.

EUREKA MATH

1. Deja que $g = 4$. Determina si las ecuaciones son verdaderas o falsas.

a.	$g \times 0 = 0$	*Verdadera*
b.	$0 \div g = 4$	*Falsa*
c.	$1 \times g = 1$	*Falsa*
d.	$g \div 1 = 4$	*Verdadera*

> Sé que esta ecuación es falsa porque 0 dividido entre cualquier número es 0. Si coloco cualquier valor para g aparte de 0, la respuesta será 0.

> Sé que esto es falso porque cualquier número multiplicado por 1 equivale a ese número, no a 1. Esta ecuación sería correcta si se hubiera escrito como $1 \times g = 4$.

2. Elijah dice que cualquier número multiplicado por 1 es igual a ese número.

   a. Escribe una ecuación de multiplicación usando c para representar el enunciado de Elijah.

   $1 \times c = c$

   > También puedo usar la propiedad conmutativa para escribir mi ecuación como $c \times 1 = c$.

   b. Usando tu ecuación de la parte (a), deja que $c = 6$ y dibuja una imagen para mostrar que la nueva ecuación es verdadera.

   > Mi imagen muestra 1 grupo multiplicado por c, o 6. 1 grupo de 6 hace un total de 6. Esto funciona para cualquier valor, no solamente 6.

EUREKA MATH

Lección 16:   Razonar y explicar acerca de los patrones aritméticos utilizando unidades de 0 y 1 según se relacionan con la multiplicación y la división.

235

© 2019 Great Minds®. eureka-math.org

Nombre _____   Fecha _____

1. Completa.

   a. $4 \times 1 = $ _____   b. $4 \times 0 = $ _____   c. _____ $\times 1 = 5$ d. _____ $\div 5 = 0$

   e. $6 \times$ _____ $= 6$ f. _____ $\div 6 = 0$ g. $0 \div 7 = $ _____   h. $7 \times$ _____ $= 0$

   i. $8 \div$ _____ $= 8$ j. _____ $\times 8 = 8$ k. $9 \times$ _____ $= 9$ l. $9 \div$ _____ $= 1$

2. Relaciona cada ecuación con su solución.

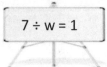

$9 \times 1 = w$

$w \times 1 = 6$

$7 \div w = 1$

$1 \times w = 8$

$w \div 8 = 0$

$9 \div 9 = w$

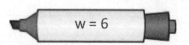 $w = 6$

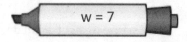 $w = 7$

$w = 8$

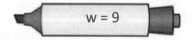 $w = 9$

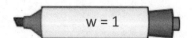 $w = 1$

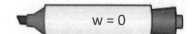 $w = 0$

Lección 16:   Razonar y explicar acerca de los patrones aritméticos utilizando unidades de 0 y 1 según se relacionan con la multiplicación y la división.

237

EUREKA MATH

© 2019 Great Minds®. eureka-math.org

3. Sea *c* = 8. Determina si las ecuaciones son verdaderas o falsas. El primer ejercicio ya está resuelto.

a. $c \times 0 = 8$	*Falso*
b. $0 \times c = 0$	
c. $c \times 1 = 8$	
d. $1 \times c = 8$	
e. $0 \div c = 8$	
f. $8 \div c = 1$	
g. $0 \div c = 0$	
h. $c \div 0 = 8$	

4. Rajan dice que cualquier número multiplicado por 1 es igual a ese número.

   a. Escribe una ecuación de multiplicación usando *n* para representar el enunciado de Rajan.

   b. Usando la ecuación de la Parte (a), sea *n* = 5, realiza un dibujo para demostrar que la nueva ecuación es verdadera.

EUREKA MATH

1. Explica cómo se muestra $8 \times 7 = (5 \times 7) + (3 \times 7)$ en la tabla de multiplicación.

La tabla de multiplicación muestra $5 \times 7 = 35$ y $3 \times 7 = 21$. Así que $35 + 21 = 56$, lo cual es el producto de 8×7.

Esta es la estrategia de descomponer y distribuir. Usando esa estrategia, puedo sumar los productos de 2 operaciones más pequeñas para encontrar el producto de una operación más grande.

2. Usa lo que sabes para encontrar el producto de 3×16.

$3 \times 16 = (3 \times 8) + (3 \times 8)$
$\quad\quad\quad = 24 + 24$
$\quad\quad\quad = 48$

También puedo descomponer 3×16 como 10 tres + 6 tres, lo cual es $30 + 18$. O puedo sumar 16 tres veces: $16 + 16 + 16$. Siempre voy a querer usar la estrategia más eficiente. Esta vez me ayudó a ver el problema como el doble de 24.

3. Hoy en clase descubrimos que $n \times n$ es la suma de los primeros números impares n. Usa este patrón para encontrar el valor de n para cada ecuación a continuación.

a. $1 + 3 + 5 = n \times n$

$9 = 3 \times 3$

La suma de los primeros 3 números impares es igual al producto de 3×3. La suma de los primeros 4 números impares es igual al producto de 4×4. La suma de los primeros 5 números impares es igual al producto de 5×5.

b. $1 + 3 + 5 + 7 = n \times n$

$16 = 4 \times 4$

c. $1 + 3 + 5 + 7 + 9 = n \times n$

$25 = 5 \times 5$

¡Guau, es un patrón! Sé que los primeros 6 números impares serán igual al producto de 6×6, y así sucesivamente.

Lección 17:   Identificar los patrones en las operaciones de multiplicación y división usando la tabla de multiplicar.

Nombre _____ Fecha _____

1. a. Escribe los productos en la tabla tan rápido como puedas.

×	1	2	3	4	5	6	7	8
1								
2								
3								
4								
5								
6								
7								
8								

b. Colorea las filas y columnas con factores pares de amarillo.

c. ¿Qué notas sobre los factores y productos que se dejaron sin sombrear?

EUREKA MATH

Lección 17:   Identificar los patrones en las operaciones de multiplicación y división usando la tabla de multiplicar.

241

© 2019 Great Minds®. eureka-math.org

d. Completa la tabla, llena cada espacio en blanco y escribe un ejemplo para cada regla.

Regla	Ejemplo
impar por impar es igual a _____	
par por par es igual a _____	
par por impar es igual a _____	

e. Explica cómo se muestra $7 \times 6 = (5 \times 6) + (2 \times 6)$ en la tabla.

f. Usa tus conocimientos para encontrar el producto de 4×16 o 8 cuatros + 8 cuatros.

2. En la clase de hoy encontramos que $n \times n$ es la suma de los primeros n números impares. Usa este patrón para encontrar el valor de n para cada ecuación a continuación. El primer ejercicio ya está resuelto.

a. $1 + 3 + 5 = n \times n$

$9 = 3 \times 3$

b. $1 + 3 + 5 + 7 = n \times n$

Identificar los patrones en las operaciones de multiplicación y división usando la tabla de multiplicar.

EUREKA MATH

c. $1 + 3 + 5 + 7 + 9 + 11 = n \times n$

d. $1 + 3 + 5 + 7 + 9 + 11 + 13 + 15 = n \times n$

e. $1 + 3 + 5 + 7 + 9 + 11 + 13 + 15 + 17 + 19 = n \times n$

Lección 17:   Identificar los patrones en las operaciones de multiplicación y división
usando la tabla de multiplicar.

243

William tiene $187 en el banco. Ahorra la misma cantidad de dinero cada semana durante 6 semanas y la deposita en el banco. Ahora William tiene $241 en el banco. ¿Cuánto dinero ahorra William cada semana?

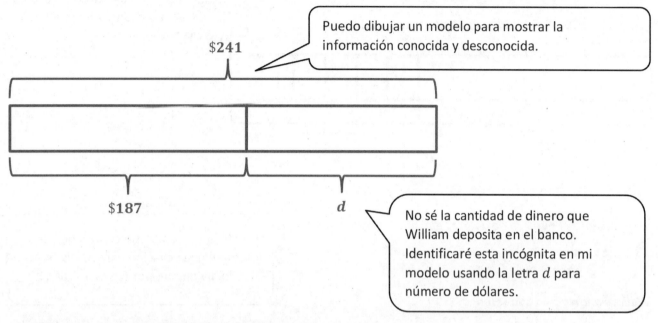

Puedo dibujar un modelo para mostrar la información conocida y desconocida.

$241

$187

d

No sé la cantidad de dinero que William deposita en el banco. Identificaré esta incógnita en mi modelo usando la letra d para número de dólares.

d representa el número de dólares que William deposita en el banco

$241 − $187 = d$

$d = 54

Puedo escribir lo que representa d y después escribir una ecuación para resolver d. Puedo restar la parte conocida, $187, de la cantidad entera, $241, para encontrar d.

Esta respuesta es razonable porque $187 + $54 = $241. Pero no responde la pregunta que se plantea en el problema. Estoy tratando de averiguar cuánto dinero ahorra William cada semana, así que necesito ajustar mi modelo.

EUREKA MATH®

Lección 18:   Resolver problemas escritos de dos pasos que involucran las cuatro operaciones y evaluar la lógica de las soluciones.

245

© 2019 Great Minds®. eureka-math.org

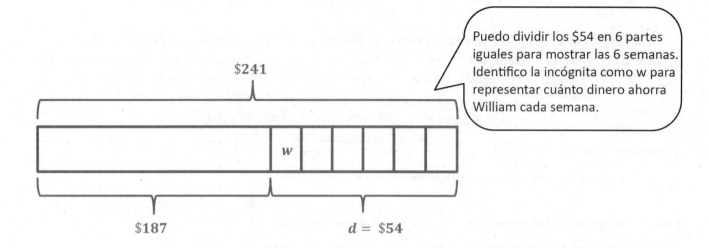

Puedo dividir los $54 en 6 partes iguales para mostrar las 6 semanas. Identifico la incógnita como w para representar cuánto dinero ahorra William cada semana.

w representa el número de dólares que ahorra cada semana

$$\$54 \div 6 = w$$
$$w = \$9$$

William ahorra $9 *cada semana.*

Escribiré lo que w representa y después escribiré una ecuación para resolver w. Puedo dividir $54 por 6 para llegar a $9.

Mi respuesta es razonable porque $9 *por semana por 6 semanas es* $54. *Eso es aproximadamente* $50. $187 *es aproximadamente* $190. $190 + $50 = $240, *lo que está muy cerca a* $241. *¡Mi aproximación es solo* $1 *menos que mi respuesta!*

Puedo explicar por qué mi respuesta es razonable con una aproximación.

Lección 18:   Resolver problemas escritos de dos pasos que involucran las cuatro operaciones y evaluar la lógica de las soluciones.

EUREKA MATH

Nombre _____ Fecha _____

Usa el proceso LDE para cada problema. Explica por qué tu respuesta es lógica.

1. El gato de la Sra. Portillo pesa 6 kilogramos. Su perro pesa 22 kilogramos más que su gato. ¿Cuál es el peso total de su gato y su perro?

2. Darren se tarda 39 minutos estudiando para su examen de ciencias. Luego, hace 6 labores. En cada labor se tarda 3 minutos. ¿Cuántos minutos se tarda Darren en estudiar y hacer sus labores?

3. El Sr. Abbot compra 8 cajas de barras de granóla para una fiesta. Cada caja tiene 9 barras de granóla. Después de la fiesta, quedaron 39 barras. ¿Cuántas barras se comieron durante la fiesta?

EUREKA MATH

Lección 18: Resolver problemas escritos de dos pasos que involucran las cuatro operaciones y evaluar la lógica de las soluciones.

247

© 2019 Great Minds®. eureka-math.org

4. Leslie pesa sus canicas en un frasco y en la balanza se lee 474 gramos. El frasco vacío pesa 439 gramos.
    Cada canica pesa 5 gramos. ¿Cuántas canicas hay en el frasco?

5. Sharon usa 72 centímetros de listón para envolver regalos. Usa 24 centímetros de todo el listón para
    envolver un regalo grande. El resto del listón lo usa para envolver 6 regalos pequeños. ¿Cuánto listón usa
    para cada regalo pequeño si usa la misma cantidad para cada uno?

6. Seis amigos compartieron equitativamente el costo de un regalo. Pagaron $90 y recibieron $42
    de cambio. ¿Cuánto pagó cada amigo?

EUREKA
MATH

1. Usa los discos para completar los espacios en blanco de las ecuaciones.

Esta matriz de discos muestra 2 filas de 3 unidades.

Esta matriz de discos muestra 2 filas de 3 decenas.

a.

2 × 3 unidades = ___6___ unidades

2 × 3 = ___6___

b.

2 × 3 decenas = ___6___ decenas

2 × 30 = ___60___

Las ecuaciones de arriba se escriben en forma unitaria. Las ecuaciones de abajo se escriben en forma estándar. Las 2 ecuaciones dicen lo mismo.

Veo que ambas matrices tienen el mismo número de discos. La única diferencia es la unidad. La matriz a la izquierda usa unidades y la matriz a la derecha usa decenas.

Veo que la diferencia entre el Problema 1 y el 2 es el modelo. El Problema 1 usa discos de valor posicional. El Problema 2 usa el modelo de fichas. Con ambos modelos aún estoy multiplicando unidades y decenas.

2. Usa la tabla para completar los espacios en blanco de las ecuaciones.

decenas	unidades
	• • • •
	• • • •
	• • • •

decenas	unidades
• • • •	
• • • •	
• • • •	

a. 3×4 unidades = ___12___ unidades

   3×4 = ___12___

b. 3×4 decenas = ___12___ decenas

   $3 \times 40 =$ ___120___

Me doy cuenta de que el número de puntos es exactamente el mismo en ambas tablas. La diferencia entre las tablas es que cuando las unidades cambian de unidades a decenas, los puntos se mueven al lugar de las decenas.

3. Empareja.

80×2 ————— 160

Para poder resolver un problema más complicado como este, primero puedo verlo como 8 unidades $\times$ 2, lo cual es 16. Después todo lo que tengo que hacer es mover la respuesta al lugar de las decenas para que se convierta en 16 decenas. 16 decenas es lo mismo que 160.

250   Lección 19:   Multiplicar por múltiplos de 10 usando la tabla de valor posicional.

EUREKA MATH

Nombre _____   Fecha _____

1. Usa los discos para completar los espacios en blanco en las ecuaciones.

a.

3 × 3 unidades = _____ unidades

3 × 3 = _____

b.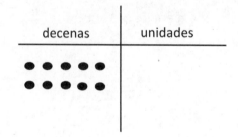

3 × 3 decenas = _____ decenas

30 × 3 = _____

2. Usa la tabla para completar los espacios en blanco en las ecuaciones.

decenas	unidades
	● ● ● ● ●
	● ● ● ● ●

a.   2 × 5 unidades = _____ unidades

2 × 5 = _____

decenas	unidades
● ● ● ● ●	
● ● ● ● ●	

b.   2 × 5 decenas = _____ decenas

2 × 50 = _____

decenas	unidades
	● ● ● ● ●
	● ● ● ● ●
	● ● ● ● ●
	● ● ● ● ●
	● ● ● ● ●

c.   5 × 5 unidades = _____ unidades

5 × 5 = _____

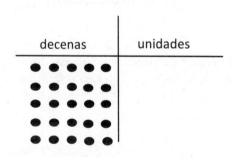

d.   5 × 5 decenas = _____ decenas

5 × 50 = _____

3. Relaciona.

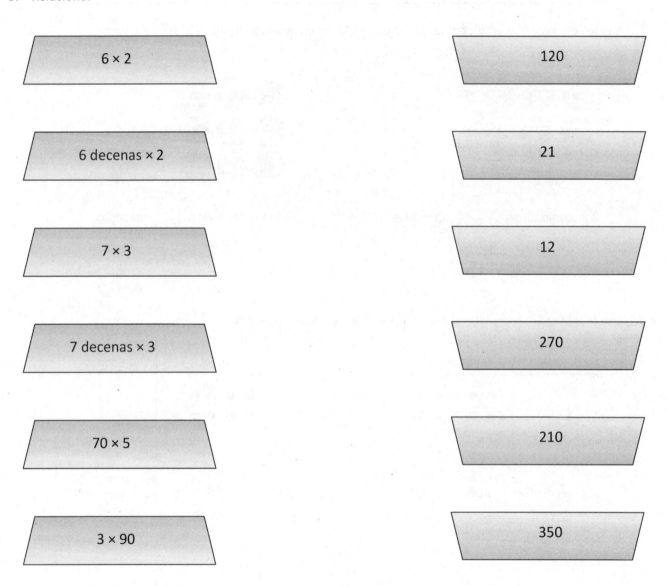

6 × 2	120
6 decenas × 2	21
7 × 3	12
7 decenas × 3	270
70 × 5	210
3 × 90	350

4. Cada salón de clases tiene 30 escritorios. ¿Cuál es el número total de escritorios en 8 salones de clases?
    Representa con un diagrama de cinta.

EUREKA
MATH

1. Usa la tabla para completar las ecuaciones. Después resuelve.

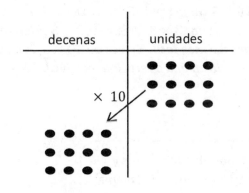

Sé que los paréntesis cambian la manera en la que los números se agrupan para resolver. Puedo ver que los paréntesis agrupan 3×4 unidades, entonces voy a hacer esa parte de la ecuación primero. 3×4 unidades $= 12$ unidades. Después voy a multiplicar las 12 unidades por 10. La ecuación se convierte en $12 \times 10 = 120$. El modelo de fichas muestra cómo puedo multiplicar los 3 grupos de 4 unidades por 10.

a. $(3 \times 4) \times 10$

   $= (12 \text{ unidades}) \times 10$

   $= \underline{\textbf{120}}$

Puedo ver aquí que los paréntesis se mueven y agrupan las 4 unidades $\times$ 10. Resolveré eso primero para llegar a 40, o 4 decenas. Después puedo multiplicar las 4 decenas por 3. Así que la ecuación se convierte en $3 \times 40 = 120$. El modelo de fichas muestra cómo multiplico 4 unidades por 10 primero y después multiplico las 4 decenas por tres.

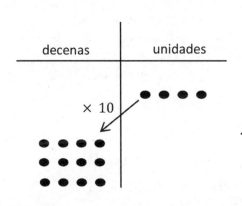

b. $3 \times (4 \times 10)$

   $= 3 \times (4 \text{ decenas})$

   $= \underline{\textbf{120}}$

Al mover los paréntesis y agrupar los números de manera diferente, esto se convierte en un problema más fácil. 3×40 es un poco más fácil que multiplicar 12×10. Esta nueva estrategia me ayudará a encontrar operaciones con incógnitas más grandes más adelante.

2. John resuelve 30×3 pensando en 10×9. Explica su estrategia.

$30 \times 3 = (10 \times 3) \times 3$
$= 10 \times (3 \times 3)$
$= 10 \times 9$
$= 90$

John escribe 30×3 como $(10 \times 3) \times 3$. Después mueve los paréntesis para agrupar 3×3. Resolver 3×3 primero hace que el problema sea más fácil. En vez de 30×3, John puede resolverlo pensando en una operación más fácil, 10×9.

Aunque es fácil resolver 30×3, John mueve los paréntesis y agrupa los números de manera diferente para que el problema sea un poco más fácil para él. Es solo otra manera diferente de pensar en el problema.

EUREKA MATH

Nombre _____   Fecha _____

1. Usa la tabla para completar las ecuaciones. Luego resuelve.

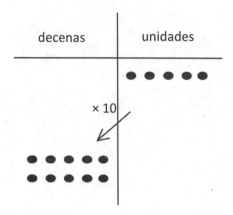

a. (2 × 5) × 10

    = (10 unidades) × 10

    = _____

b. 2 × (5 × 10)

    = 2 × (5 unidades)

    = _____

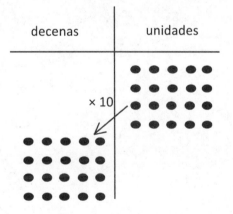

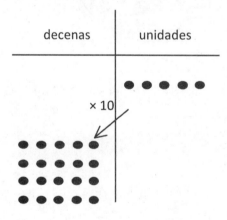

c. (4 × 5) × 10

    = (_____ unidades) × 10

    = _____

d. 4 × (5 × 10)

    = 4 × (_____ decenas)

    = _____

EUREKA MATH®

Lección 20: Usar las estrategias del valor posicional y la propiedad asociativa
$n \times (m \times 10) = (n \times m) \times 10$ (donde n y m son menores que 10) para
multiplicar por múltiplos de 10.

© 2019 Great Minds®. eureka-math.org

255

2. Resuelve. Coloca los paréntesis en (c) y (d) según sea necesario para encontrar la operación relacionada.

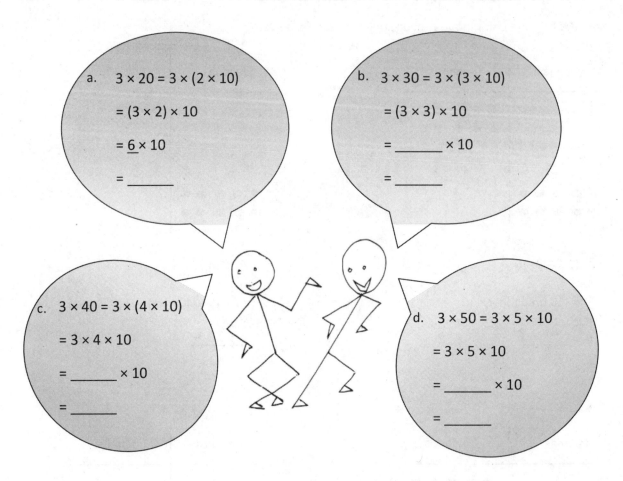

a. $3 \times 20 = 3 \times (2 \times 10)$

   $= (3 \times 2) \times 10$

   $= 6 \times 10$

   $= \underline{\hspace{1cm}}$

b. $3 \times 30 = 3 \times (3 \times 10)$

   $= (3 \times 3) \times 10$

   $= \underline{\hspace{1cm}} \times 10$

   $= \underline{\hspace{1cm}}$

c. $3 \times 40 = 3 \times (4 \times 10)$

   $= 3 \times 4 \times 10$

   $= \underline{\hspace{1cm}} \times 10$

   $= \underline{\hspace{1cm}}$

d. $3 \times 50 = 3 \times 5 \times 10$

   $= 3 \times 5 \times 10$

   $= \underline{\hspace{1cm}} \times 10$

   $= \underline{\hspace{1cm}}$

3. Danny resuelve 5×20 al pensar en 10×10. Explica su estrategia.

Lección 20: Usar las estrategias del valor posicional y la propiedad asociativa
$n \times (m \times 10) = (n \times m) \times 10$ (donde n y m son menores que 10) para
multiplicar por múltiplos de 10.

© 2019 Great Minds®. eureka-math.org

EUREKA
MATH

Jen hace 34 brazaletes. Ella regala 19 brazaletes y vende el resto a $3 cada uno. Le gustaría comprar un estuche de arte que cuesta $55 con el dinero que se gana. ¿Tiene Jen suficiente dinero para comprarlo? Explica por qué sí o por qué no.

> Puedo dibujar un modelo para mostrar la información conocida y desconocida. Puedo ver en mi dibujo que necesito encontrar la parte que falta. Puedo identificar la parte que falta con b para representar el número de brazaletes que le quedan a Jen por vender.

34 brazaletes

19 brazaletes   **b brazaletes**

b representa el número de brazaletes que le quedan a Jen por vender

$34 - 19 = b$
$b = 15$

> Puedo escribir lo que b representa y después escribir una ecuación para resolver b. Resto la parte que se da, 19, de la cantidad entera, 34. Puedo usar una estrategia de compensación para pensar en $34 - 19$ como $35 - 20$ porque $35 - 20$ es una operación más fácil de resolver. A Jen le quedan 15 brazaletes.

> Esta respuesta es razonable porque $19 + 15 = 34$. Pero no contesta la pregunta del problema. Después, tengo que averiguar cuánto dinero gana Jen de la venta de 15 brazaletes, así que tengo que ajustar mi modelo.

Lección 21:   Resolver problemas escritos de dos pasos que involucran la multiplicación de factores de un solo dígito y múltiplos de 10.

257

© 2019 Great Minds®. eureka-math.org

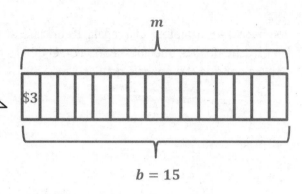

m

$b = 15$

Ahora que sé que a Jen le quedan 15 brazaletes, puedo dividir esta parte en 15 partes iguales más pequeñas. Sé que vende cada brazalete por $3, así que cada parte tiene un valor de $3. También puedo identificar la incógnita como m para representar cuánto dinero en total gana Jen.

$3

m representa la cantidad de dinero que Jen gana

$$15 \times 3 = m$$
$$m = (10 \times 3) + (5 \times 3)$$
$$m = 30 + 15$$
$$m = 45$$

Puedo escribir lo que m representa y después escribir una ecuación para resolver m. Necesito multiplicar 15 por 3, ¡una operación grande! Puedo usar la estrategia de descomponer y distribuir para resolver 15×3. Puedo descomponer 15 tres como 10 tres y 5 tres y después encontrar la suma de las 2 operaciones más pequeñas.

Jen gana un total de $45 de la venta de 15 brazaletes.

Jen no tiene suficiente dinero para comprar el estuche de arte. Le faltan $10.

No he terminado de responder la pregunta hasta que explique por qué Jen no tiene suficiente dinero para comprar el estuche de arte.

Lección 21:   Resolver problemas escritos de dos pasos que involucran la multiplicación de factores de un solo dígito y múltiplos de 10.

EUREKA MATH

Nombre _____   Fecha _____

Usa el proceso LDE para cada problema. Usa una letra para representar la incógnita.

1. Hay 60 minutos en 1 hora. Usa un diagrama de cinta para encontrar el número total de minutos en 6 horas y 15 minutos.

2. La Srta. Lemus compró 7 cajas de bocadillos. Cada caja tiene 12 paquetes de bocadillos de frutas y 18 paquetes de anacardos. ¿Cuántos paquetes de bocadillos compró en total?

3. Tamara quiere comprar una tableta que cuesta $437. Ahorró $50 cada mes por 9 meses. ¿Tiene suficiente dinero para comprar la tableta? Explica por qué sí o por qué no.

Lección 21:   Resolver problemas escritos de dos pasos que involucran la multiplicación de factores de un solo dígito y múltiplos de 10.

259

© 2019 Great Minds®. eureka-math.org

4. El Sr. Ramírez recibe 4 juegos de libros. Cada juego tiene 16 libros de ficción y 14 libros que no son de ficción. Él pone 97 libros en su biblioteca y dona el resto. ¿Cuántos libros donó?

5. Celia vende calendarios para recaudar fondos. Cada calendario cuesta $9. Ella vende 16 calendarios a miembros de su familia y 14 calendarios a la gente de su barrio. Su objetivo es ahorrar $300. ¡Celia alcanzó su objetivo? Explica tu respuesta.

6. La tienda de videos vende películas de ciencia e historia por $5 cada una. ¿Cuánto dinero gana la tienda de videos si vende 33 películas de ciencia y 57 películas de historia?

EUREKA MATH®

3.er grado
Módulo 4

1. Vivian usa cuadrados para encontrar el área de un rectángulo.   Su trabajo se muestra a continuación.

    a. ¿Cuántos cuadrados usó para cubrir el rectángulo

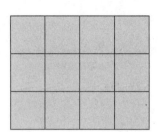

> Sé que la cantidad de espacio plano que ocupa una figura se conoce como el área.

> Sé que esto se llama unidades cuadradas porque las unidades que se usan para medir el área son cuadrados. También sé que para medir el área no debe haber ninguna brecha o traslape.

_____12_____ cuadrados

    b. ¿Cuál es el área del rectángulo en unidades cuadradas?   Explica cómo encontraste tu respuesta.

    El área del rectángulo es 12 unidades cuadradas. Lo sé porque conté 12 cuadrados dentro del rectángulo.

2. Cada [ ] es 1 unidad cuadrada. ¿Cuál rectángulo tiene el área más grande? ¿Cómo lo sabes?

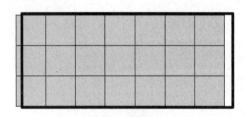

Rectángulo A

21 unidades cuadradas

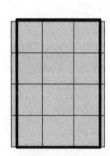

> Puedo comparar las áreas de estos rectángulos porque se usa el mismo tamaño de unidad cuadrada para cubrir cada uno.

Rectángulo B

12 unidades cuadradas

El Rectángulo A tiene el área más grande. Lo sé porque conté las unidades cuadradas en cada rectángulo. El Rectángulo A necesita la mayor cantidad de cuadrados para cubrirlo sin brechas o traslapes.

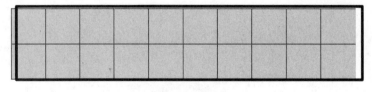

Rectángulo C

20 unidades cuadradas

© 2019 Great Minds®. eureka-math.org

Nombre _____   Fecha _____

1. Magnus cubre la misma figura con triángulos, rombos y trapezoides.

    a. ¿Cuántos triángulos son necesarios para cubrir la figura?

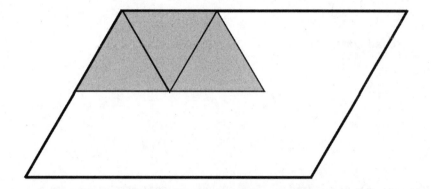

    _____ triángulos

    b. ¿Cuántos rombos serán necesarios para cubrir la figura?

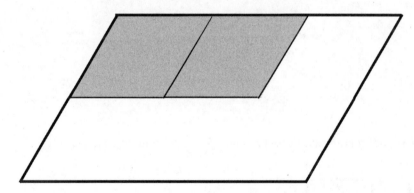

    _____ rombos

    c. Magnus observa que 3 triángulos de la Parte (a) cubren 1 trapezoide. ¿Cuántos trapezoides serán necesarios para cubrir la siguiente figura? Explica tu respuesta.

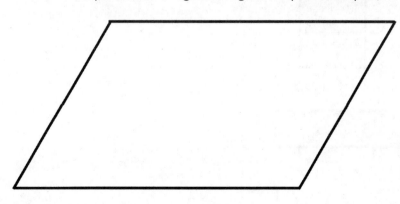

    _____ trapezoides

EUREKA MATH®

Lección 1:   Comprender el área como un atributo de las figuras planas.

265

© 2019 Great Minds®. eureka-math.org

2. Angela utiliza cuadrados para encontrar el área de un rectángulo. A continuación se puede ver su trabajo.

   a. ¿Cuántos cuadrados usó ella para cubrir el rectángulo?

   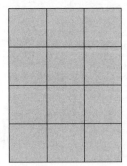

   _____ cuadrados

   b. ¿Cuál es el área del rectángulo en unidades cuadradas? Explica cómo encontraste tu respuesta.

3. Cada 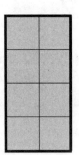 es 1 unidad cuadrada. ¿Cuál rectángulo tiene la mayor área? ¿Cómo lo saben?

   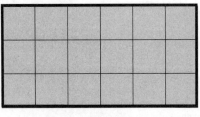

   Rectángulo A

   Rectángulo B

   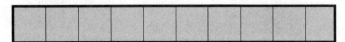

   Rectángulo C

Lección 1:   Comprender el área como un atributo de las figuras planas.

EUREKA
MATH

1. Matthew usa pulgadas cuadradas para crear estos rectángulos. ¿Tienen un la misma área? Explica por qué.

7 pulgadas cuadradas

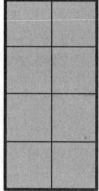

8 pulgadas cuadradas

No, no tienen la misma área. Conté las pulgadas cuadradas en cada rectángulo y descubrí que el rectángulo de la derecha tiene un área que es más grande por 1 pulgada cuadrada.

Esta es la nueva unidad que aprendí hoy. Cada lado de una pulgada cuadrada mide 1 pulgada. Las unidades en este dibujo son solo para representar pulgadas cuadradas. Puedo escribir pulgadas cuadradas como in² para abreviar.

2. Cada ⬜ es una unidad cuadrada. Cuéntalas para encontrar el área del rectángulo a continuación. Después, dibuja un rectángulo distinto que tenga un la misma área.

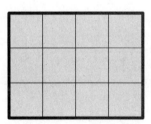

12 unidades cuadradas

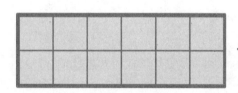

12 unidades cuadradas

Puedo volver a organizar 12 unidades cuadradas en dos filas iguales para hacer un rectángulo nuevo. Sé que volver a organizar las unidades cuadradas no cambia el área porque no se agregan nuevas unidades ni tampoco se quita ninguna.

Nombre _____ Fecha _____

1. Cada ☐ es una unidad cuadrada. Cuenta para encontrar el área de cada rectángulo. Después, encierra en un círculo todos lo rectángulos con un área de 12 unidades cuadradas.

a.

Área = _____ unidades cuadradas

b.

Área = _____ unidades cuadradas

c.

Área = _____ unidades cuadradas

d.

Área = _____ unidades cuadradas

e.

Área = _____ unidades cuadradas

f.

Área = _____ unidades cuadradas

Lección 2: Descomponer y recomponer figuras para comparar las áreas.

269

EUREKA MATH

2. Colin usa unidades cuadradas para crear estos rectángulos. ¿Tienen la misma área? Explica.

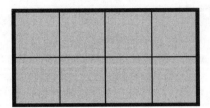
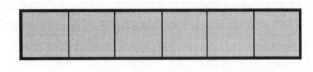

3. Cada 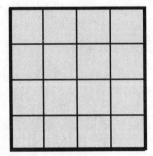 es una unidad cuadrada. Cuenta para encontrar el área del siguiente rectángulo. Después, dibuja un rectángulo diferente que tenga la misma área.

Lección 2: Descomponer y recomponer figuras para comparar las áreas.

EUREKA MATH

1. Cada ⬜ es 1 unidad cuadrada. ¿Cuál es el área de cada uno de los siguientes rectángulos?

a.

6 unidades cuadradas

Puedo encontrar el área de cada rectángulo contando el número de unidades cuadradas.

b.

20 unidades cuadradas

2. ¿Cómo serían distintos los rectángulos en el Problema 1 si estuvieran compuestos por pulgadas cuadradas?

El número de cuadrados en cada rectángulo sería el mismo, pero el lado de cada cuadrado mediría 1 pulgada. También identificaríamos el área como pulgadas cuadradas en vez de unidades cuadradas.

3. ¿Cómo serían distintos los rectángulos en el Problema 1 si estuvieran compuestos por centímetros cuadrados?

El número de cuadrados en cada rectángulo sería el mismo, pero el lado de cada cuadrado mediría 1 centímetro. También identificaríamos el área como centímetros cuadrados en vez de unidades cuadradas.

Sé que 1 pulgada cuadrada cubre un área más grande que 1 centímetro cuadrado porque 1 pulgada es más grande que 1 centímetro.

Lección 3:   Hacer un mosaico con cuadrados de unidad de centímetros y pulgadas como estrategia para medir el área.

271

© 2019 Great Minds®. eureka-math.org

Nombre _____   Fecha _____

1. Cada [ ] es 1 unidad cuadrada. ¿Cuál es el área de cada uno de los siguientes rectángulos?

A: _unidades cuadradas_

B: _____

C: _____

D: _____

2. Cada [ ] es 1 unidad cuadrada. ¿Cuál es el área de cada uno de los siguientes rectángulos?

a.

b.

c.

d.

Lección 3:   Hacer un mosaico con cuadrados de unidad de centímetros y pulgadas
               como estrategia para medir el área.

273

© 2019 Great Minds®. eureka-math.org

3. Cada ▢ es 1 unidad cuadrada. Escribe el área de cada rectángulo. Después, dibuja un rectángulo diferente con la misma área en el espacio proporcionado.

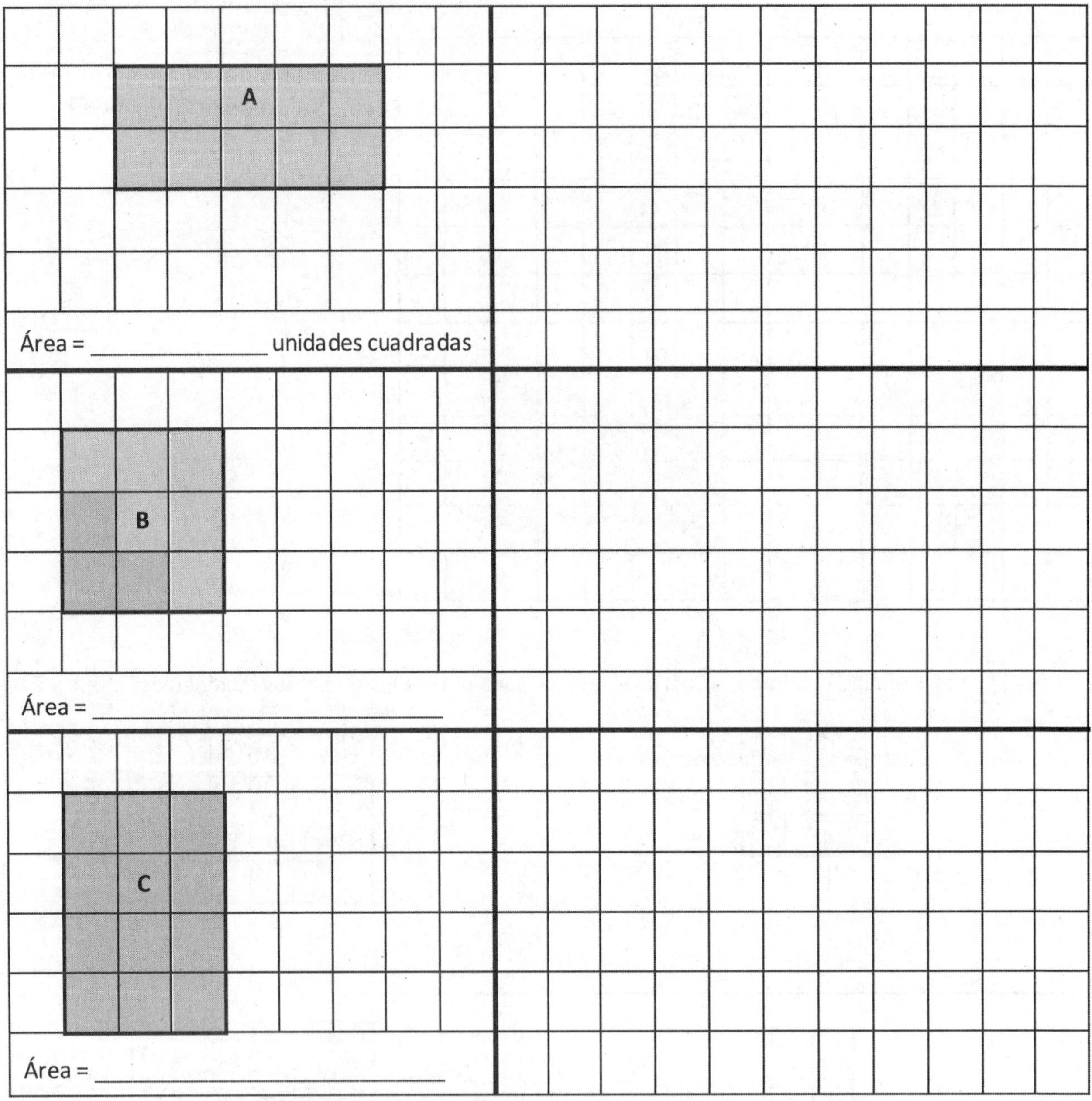

Área = _____ unidades cuadradas

Área = _____

Área = _____

Lección 3:   Hacer un mosaico con cuadrados de unidad de centímetros y pulgadas como estrategia para medir el área.

© 2019 Great Minds®. eureka-math.org

EUREKA MATH

1. Usa una regla para medir las longitudes laterales del rectángulo en centímetros. Marca cada centímetro con un punto y dibuja líneas desde los puntos para mostrar las unidades cuadradas. Después, cuenta los cuadrados que dibujaste para encontrar el área total.

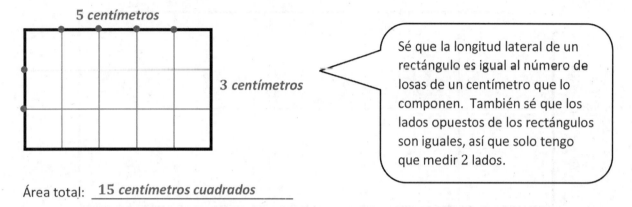

5 centímetros

3 centímetros

Sé que la longitud lateral de un rectángulo es igual al número de losas de un centímetro que lo componen. También sé que los lados opuestos de los rectángulos son iguales, así que solo tengo que medir 2 lados.

Área total: ___15 *centímetros cuadrados*___

2. Cada ☐ es 1 centímetro cuadrado. Sammy dice que la longitud lateral del rectángulo a continuación es de 8 centímetros. Davis dice que la longitud lateral es 3 centímetros. ¿Quién tiene la razón? Explica cómo lo sabes.

8 centímetros

3 centímetros

Una estrategia eficiente para encontrar el área es pensar en este rectángulo como 3 filas de 8 losas o como 3 ochos. Después, podemos contar salteado de ocho en ocho 3 veces para encontrar el número total de losas de un centímetro cuadrado.

Ambos tienen razón porque conté las losas en la parte superior y hay 8 losas, lo cual significa que la longitud lateral es 8 cm. Después conté las losas del lado y hay 3 losas, lo cual significa que la longitud lateral es 3 cm.

Lección 4:   Relacionar las longitudes laterales con la cantidad de losas en un lado.

275

3. Shana usa losas de una pulgada cuadrada para encontrar las longitudes laterales del rectángulo a continuación. Etiqueta cada longitud lateral. Después, encuentra el área total.

5 pulgadas

2 pulgadas

Área total: __**10 pulgadas cuadradas**__

> Sé que las unidades se etiquetan de manera diferente para las longitudes laterales y para el área. Sé que la unidad de las longitudes laterales es en pulgadas porque la unidad mide la longitud de los lados en pulgadas. Para el área, la unidad es en pulgadas cuadradas porque cuento el número de losas de una pulgada cuadrada que se usan para formar el rectángulo.

4. ¿Cómo es que saber las longitudes laterales W y X te ayuda a encontrar las longitudes laterales Y y Z en el rectángulo a continuación?

Sé que los lados opuestos de un rectángulo son iguales. Entonces, si sé la longitud lateral de X, también sé la longitud lateral de Z. Si sé la longitud lateral de W, también sé la longitud lateral de Y.

EUREKA MATH

Nombre _____   Fecha _____

1. Ella colocó losas de centímetros cuadrados en el siguiente rectángulo y después identificó las longitudes laterales. ¿Cuál es el área de su rectángulo?

2 cm

Área total: _____

2. Kyle usa losas de centímetros cuadrados para encontrar las longitudes laterales del siguiente rectángulo. Marca cada longitud lateral. Después, cuenta las losas para encontrar el área total.

Área total: _____

3. Maura usa losas de pulgadas cuadradas para encontrar las longitudes laterales del siguiente rectángulo. Marca cada longitud lateral. Después, encuentra el área total.

Área total: _____

Lección 4:   Relacionar las longitudes laterales con la cantidad de losas en un lado.

277

4. Cada cuadrado a continuación mide 1 pulgada cuadrada. Claire dice que la longitud lateral del siguiente rectángulo es de 3 pulgadas. Tyler dice que la longitud lateral es de 5 pulgadas. ¿Cuál tiene la razón? Explica cómo lo sabes.

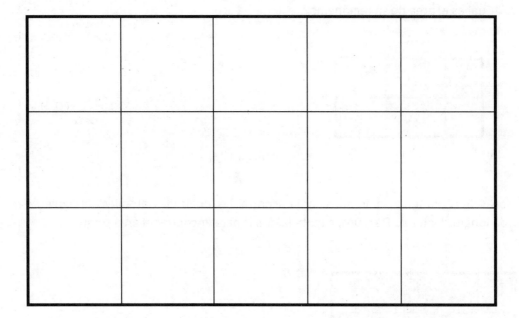

5. Identifica las longitudes laterales desconocidas del siguiente rectángulo y después encuentra el área. Explica cómo utilizaste las longitudes proporcionadas para encontrar las longitudes desconocidas y el área.

4 pulgadas

2 pulgadas

_____

_____

Área total: _____

EUREKA MATH

1. Usa el lado de centímetros de una regla para dibujar las losas. Después encuentra y etiqueta las longitudes laterales desconocidas. Haz un conteo salteado de las losas para verificar tu trabajo. Escribe un enunciado de multiplicación para cada rectángulo de losas.

   a. Área: 12 centímetros cuadrados

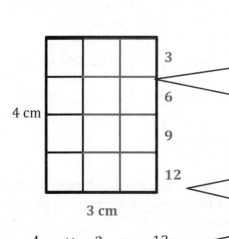

   4 cm

   3 cm

   3, 6, 9, 12

   Puedo usar mi regla para marcar cada centímetro. Después, puedo conectar las marcas para dibujar las losas. Voy a contar las unidades cuadradas y etiquetar la longitud lateral desconocida como 3 cm.

   Después, voy a contar salteado de 3 en 3 para verificar que el número total de losas corresponda con el área obtenida, el cual es de 12 centímetros cuadrados.

   __4__ × __3__ = __12__

   Puedo escribir 3 por el factor desconocido porque la matriz con las losas muestra 4 filas de 3 losas.

   b. Área: 12 centímetros cuadrados

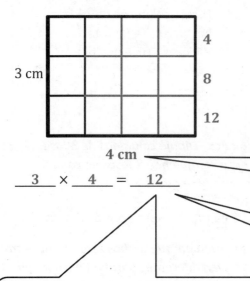

   3 cm

   4 cm

   4, 8, 12

   Después de usar la regla para dibujar las losas, puedo contar para encontrar la longitud lateral desconocida y etiquetarla.

   __3__ × __4__ = __12__

   Puedo escribir el enunciado numérico 3 × 4 = 12 porque hay 3 filas de 4 losas, lo que es un total de 12 losas.

   El área de los rectángulos en las partes (a) y (b) es de 12 centímetros cuadrados. Eso significa que ambos rectángulos tienen un área igual, aunque tengan un aspecto distinto.

UNA HISTORIA DE UNIDADES | Lección 5 Ayuda para la tarea | 3•4

2. Ella hace un rectángulo con 24 losas de un centímetro cuadrado. Hay 4 filas iguales de losas.

a. ¿Cuántas losas hay en cada fila? Usa palabras, imágenes y números para respaldar tu respuesta.

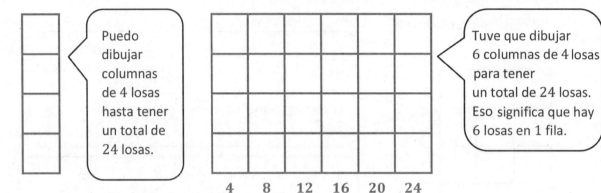

Puedo dibujar columnas de 4 losas hasta tener un total de 24 losas.

Tuve que dibujar 6 columnas de 4 losas para tener un total de 24 losas. Eso significa que hay 6 losas en 1 fila.

Hay 6 losas en cada fila. Dibujé columnas de 4 losas hasta tener un total de 24 losas. Después, conté cuántas losas había en 1 fila. También podría encontrar la respuesta pensando en el problema como $4 \times \underline{\hspace{1cm}} = 24$ *porque sé que* $4 \times 6 = 24$.

b. ¿Ella puede organizar las 24 losas de un centímetro cuadrado en 3 filas iguales? Usa palabras, imágenes y números para respaldar tu respuesta.

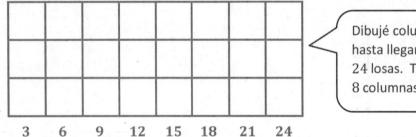

Dibujé columnas de 3 losas hasta llegar a un total de 24 losas. Tuve que dibujar 8 columnas.

Sí, Ella puede organizar todas las 24 losas en 3 filas iguales. Dibujé columnas de 3 losas hasta llegar a un total de 24 losas. Puedo usar mi imagen para ver que hay 8 losas en cada fila. También puedo usar la multiplicación para ayudarme porque sé que $3 \times 8 = 24$.

c. ¿Los rectángulos en las partes (a) y (b) tienen la misma área total? Explica cómo lo sabes.

Sí, los rectángulos en las partes (a) y (b) tienen la misma área porque ambos están compuestos por 24 losas de un centímetro cuadrado. Los rectángulos se ven diferentes porque tienen longitudes laterales diferentes, pero el área es igual.

Esto es diferente del Problema 1 porque los rectángulos en el Problema 1 tenían las mismas longitudes laterales. Simplemente estaban rotados.

EUREKA MATH

Nombre _____   Fecha _____

1. Usa el lado de los centímetros de una regla para dibujar las losas. Averigua la longitud lateral del lado
    desconocido o cuenta salteado para encontrar el área desconocida. Después, completa las ecuaciones
    de multiplicación.

    a. Área: **24** centímetros cuadrados.

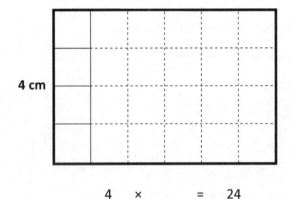

        ___4___ × _____ = ___24___

    b. Área: **24** centímetros

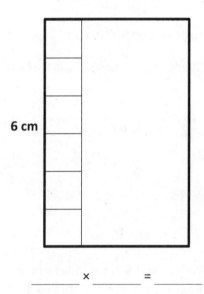

        _____ × _____ = _____

    c. Área: **15** centímetros

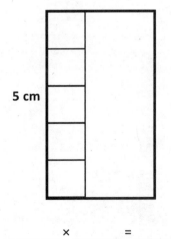

        _____ × _____ = _____

    d. Área: **15** centímetros

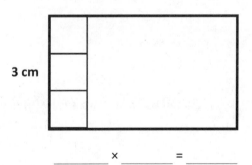

        _____ × _____ = _____

Lección 5:   Formar rectángulos al hacer un mosaico con cuadrados de unidad para
hacer matrices.

© 2019 Great Minds®. eureka-math.org

281

EUREKA
MATH®

2. Ally hace un rectángulo con 45 losas de pulgadas cuadradas. Ella coloca las losas en 5 filas iguales. ¿Cuántas losas de pulgadas cuadradas hay en cada fila? Utiliza palabras, imágenes y números para explicar tu respuesta.

3. León hace un rectángulo con 36 losas de centímetros cuadrados. Hay 4 filas de losas iguales.

    a. ¿Cuántas losas hay en cada fila? Utiliza palabras, imágenes y números para explicar tu respuesta.

    b. ¿Puede León colocar todas sus 36 losas de centímetros cuadrados en 6 filas iguales? Utiliza palabras, imágenes y números para explicar tu respuesta.

    c. ¿Los rectángulos en las Partes (a) y (b) tienen la misma área total? Explica cómo lo sabes.

Lección 5:   Formar rectángulos al hacer un mosaico con cuadrados de unidad para hacer matrices.

EUREKA MATH®

1. Cada [ ] representa 1 centímetro cuadrado. Haz un dibujo para encontrar el número de filas y columnas en cada matriz. Conéctalo con la matriz completada. Después, llena los espacios en blanco para hacer una ecuación verdadera para encontrar el área de cada matriz.

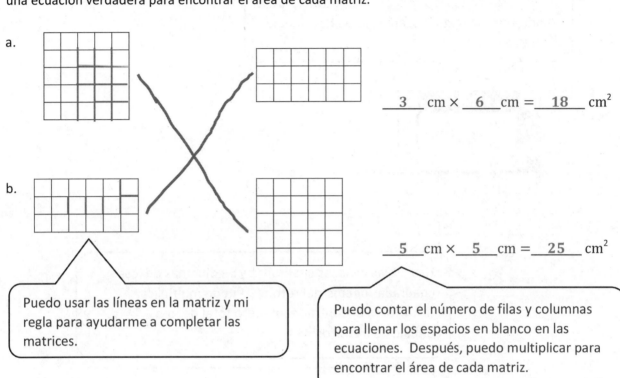

a.

$\underline{\ 3\ }$ cm × $\underline{\ 6\ }$ cm = $\underline{\ 18\ }$ cm^2

b.

$\underline{\ 5\ }$ cm × $\underline{\ 5\ }$ cm = $\underline{\ 25\ }$ cm^2

Puedo usar las líneas en la matriz y mi regla para ayudarme a completar las matrices.

Puedo contar el número de filas y columnas para llenar los espacios en blanco en las ecuaciones. Después, puedo multiplicar para encontrar el área de cada matriz.

2. Un retrato cubre la pared de losa de la cocina de Ava, como se muestra a continuación.

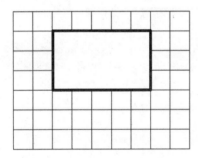

a. Ava cuenta salteado de 9 en 9 para encontrar el número total de losas cuadradas en la pared. Ella dice que hay 63 losas cuadradas. ¿Tiene razón? Explica tu respuesta.

Sí, Ava tiene razón. Aunque no puedo ver todas las losas, puedo usar la primera fila y columna para ver que hay 7 filas de 9 losas. Puedo multiplicar 7 × 9, lo cual equivale a 63.

EUREKA MATH®

Lección 6:   Dibujar filas y columnas para determinar el área de un rectángulo según una matriz incompleta.

283

© 2019 Great Minds®. eureka-math.org

b.   ¿Cuántas losas cuadradas hay debajo del retrato?

Puedo usar las losas alrededor del retrato para ayudarme a averiguar cuántas losas hay debajo del retrato.

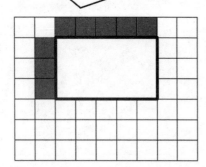

$3 \times 5 = 15$

Hay 3 filas de losas cuadradas y 5 columnas de losas cuadradas debajo del retrato. Puedo multiplicar 3×5 para encontrar el número total de losas debajo del retrato.

$63 - 48 = 15$

Sé a partir de la parte (a) que hay un total de 63 losas. Así que también puedo resolver esto restando del total el número de losas que puedo ver.

Hay 15 losas cuadradas debajo del retrato.

Lección 6:   Dibujar filas y columnas para determinar el área de un rectángulo según una matriz incompleta.

EUREKA MATH

Nombre _____ Fecha _____

1. Cada ☐ representa 1 centímetro cuadrado. Haz un trazo para encontrar la cantidad de filas y columnas en cada matriz. Relaciónala con su matriz completada correspondiente. Después, llena los espacios en blanco para crear una ecuación verdadera para encontrar el área de cada matriz.

a.

_____ cm × _____ cm = _____ cm²

b.

_____ cm × _____ cm = _____ cm²

c.

_____ cm × _____ cm = _____ cm²

d.

_____ cm × _____ cm = _____ cm²

e.

_____ cm × _____ cm = _____ cm²

f.

_____ cm × _____ cm = _____ cm²

Lección 6:   Dibujar filas y columnas para determinar el área de un rectángulo según una matriz incompleta.

2. Minh cuenta de seis en seis para averiguar la cantidad total de unidades cuadradas en el siguiente rectángulo. Ella dice que hay 36 unidades cuadradas. ¿Está en lo correcto? Explica tu respuesta.

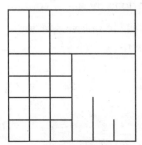

___

3. La tina en la habitación de Paige cubre el piso de losas como se muestra a continuación. ¿Cuántas losas cuadradas hay en el piso, incluyendo las losas debajo de la tina?

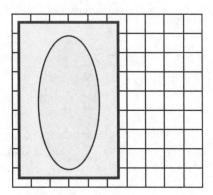

___

4. Frank ve un libro encima de su tablero de ajedrez. ¿Cuántos cuadrados cubre el cuaderno? Explica tu respuesta.

___

Lección 6:   Dibujar filas y columnas para determinar el área de un rectángulo según una matriz incompleta.

© 2019 Great Minds®. eureka-math.org

EUREKA
MATH

1. Encuentra el área de la matriz rectangular. Etiqueta las longitudes laterales del modelo de área correspondiente y escribe una ecuación de multiplicación para el modelo de área.

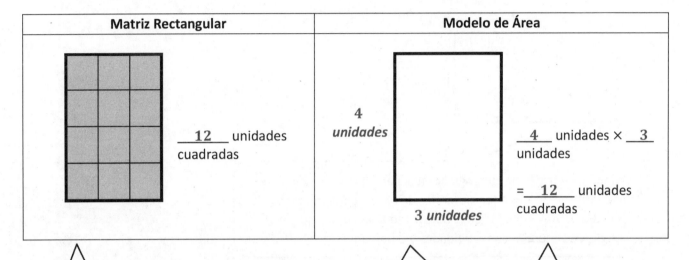

Matriz Rectangular	Modelo de Área

__12__ unidades cuadradas

4 *unidades*

3 *unidades*

__4__ unidades × __3__ unidades

=__12__ unidades cuadradas

Puedo hacer un conteo salteado de filas de 3 en 3 o de columnas de 4 en 4 para encontrar el área de la matriz rectangular.

Puedo usar la matriz rectangular para ayudarme a identificar las longitudes laterales del modelo de área. Hay 4 filas, así que el ancho es de 4 unidades. Hay 3 columnas, así que la longitud es 3 unidades.

Puedo multiplicar 4 × 3 para encontrar el área. El modelo de área y la matriz rectangular tienen la misma área de 12 unidades cuadradas.

2. Mason organiza bloques de patrón cuadrado en una matriz de 3 por 6. Dibuja la matriz de Mason en siguiente la cuadrícula. ¿Cuántas unidades cuadradas hay en la matriz rectangular de Mason?

a.

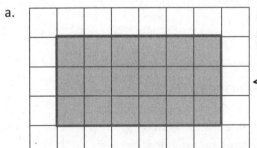

Hay 18 unidades cuadradas en la matriz rectangular de Mason.

Puedo dibujar una matriz rectangular con 3 filas y 6 columnas. Después puedo multiplicar 3 × 6 para encontrar el número total de unidades cuadradas en la matriz rectangular.

b. Etiqueta las longitudes laterales de la matriz de Mason de la parte (a) en el siguiente rectángulo. Después, escribe un enunciado de multiplicación para representar el área del rectángulo.

6 unidades

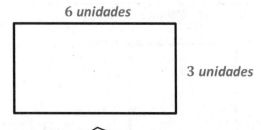

3 unidades

Puedo usar la matriz rectangular en la parte (a) para ayudarme a identificar las longitudes laterales de este modelo de área. Hay 3 filas y 6 columnas en la matriz rectangular, así que las longitudes laterales son 3 unidades y 6 unidades.

3 unidades × 6 unidades = 18 unidades cuadradas

Puedo multiplicar las longitudes laterales para encontrar el área.

3. Luke dibuja un rectángulo que mide 4 pies cuadrados. Savannah dibuja un rectángulo que mide 4 pulgadas cuadradas. ¿Cuál rectángulo tiene un área más grande? ¿Cómo lo sabes?

El rectángulo de Luke tiene un área más grande porque aunque ambos usaron el mismo número de unidades, el tamaño de las unidades es diferente. Luke usó pies cuadrados, que son más grandes que las pulgadas cuadradas. Ya que las unidades que Luke usó son más grandes que las unidades que usó Savannah y ambos usaron el mismo número de unidades, el rectángulo de Luke tiene un área más grande.

Puedo pensar en la lección de hoy para ayudarme a contestar esta pregunta. Mi compañera y yo hicimos rectángulos usando losas de una pulgada cuadrada y de un centímetro cuadrado. Ambas usamos el mismo número de losas para hacer nuestros rectángulos, pero notamos que el rectángulo compuesto por pulgadas cuadradas es más grande en área que el rectángulo compuesto por centímetros cuadrados. La unidad más grande, pulgadas cuadradas, hizo un rectángulo con un área más grande.

EUREKA MATH

Nombre _____   Fecha _____

1. Encuentra el área de cada matriz rectangular. Identifica las longitudes laterales del modelo de área correspondiente y escribe una ecuación de multiplicación para cada modelo de área.

Matrices rectangulares	Modelos de área
a. _____ unidades cuadradas	3 unidades ⬜ 2 unidades 3 unidades × _____ unidades = _____ unidades cuadradas
b. _____ unidades cuadradas	⬜ _____ unidades × _____ unidades = _____ unidades cuadradas
c. _____ unidades cuadradas	⬜ _____ unidades × _____ unidades = _____ unidades cuadradas
d. _____ unidades cuadradas	⬜ _____ unidades × _____ unidades = _____ unidades cuadradas

2. Julian ordena bloques de patrón cuadrado en una matriz de 7 por 4. Dibuja la matriz de Jillian en la siguiente cuadrícula. ¿Cuántas unidades cuadradas hay en la matriz rectangular de Jillian?

a.

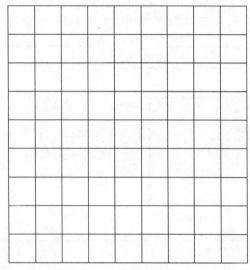

b. Identifica las longitudes laterales de la Parte (a) en la matriz de Jillian en el siguiente rectángulo. Después, escribe un enunciado de multiplicación para representar el área del rectángulo.

3. Fiona dibuja un rectángulo de 24 centímetros cuadrados. Gregory dibuja un rectángulo de 24 pulgadas cuadradas. ¿Cuál rectángulo tiene un área mayor? ¿Cómo lo sabe?

EUREKA
MATH

1. Escribe una ecuación de multiplicación para encontrar el área del rectángulo.

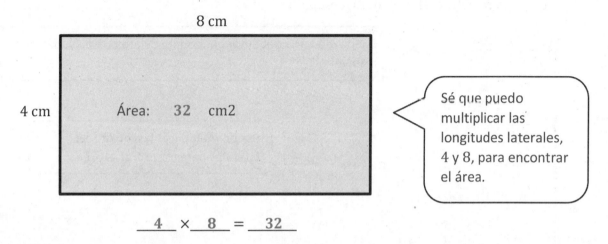

8 cm

4 cm   Área: 32   cm2

Sé que puedo multiplicar las longitudes laterales, 4 y 8, para encontrar el área.

___4___ × ___8___ = ___32___

2. Escribe una ecuación de multiplicación y una ecuación de división para encontrar la longitud lateral desconocida del rectángulo.

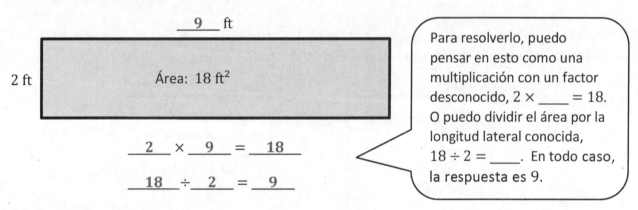

___9___ ft

2 ft   Área: 18 ft²

Para resolverlo, puedo pensar en esto como una multiplicación con un factor desconocido, $2 \times$ ____ $= 18$. O puedo dividir el área por la longitud lateral conocida, $18 \div 2 =$ ____. En todo caso, la respuesta es 9.

___2___ × ___9___ = ___18___

___18___ ÷ ___2___ = ___9___

3. En la cuadrícula a continuación, dibuja un rectángulo que tenga un área de 24 unidades cuadradas. Identifica las longitudes laterales.

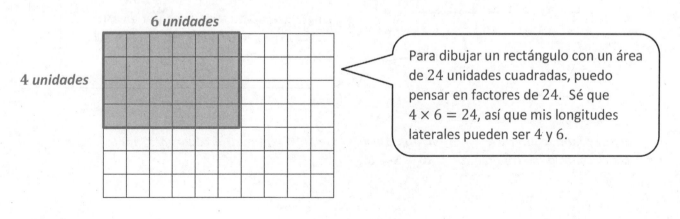

6 unidades

4 unidades

Para dibujar un rectángulo con un área de 24 unidades cuadradas, puedo pensar en factores de 24. Sé que $4 \times 6 = 24$, así que mis longitudes laterales pueden ser 4 y 6.

4. Keith hace un rectángulo que tiene longitudes laterales de 6 pulgadas y 3 pulgadas. ¿Cuál es el área del rectángulo? Explica cómo encontraste tu respuesta.

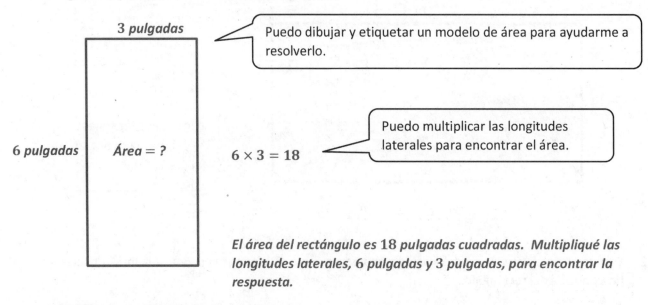

Puedo dibujar y etiquetar un modelo de área para ayudarme a resolverlo.

Puedo multiplicar las longitudes laterales para encontrar el área.

$6 \times 3 = 18$

El área del rectángulo es 18 pulgadas cuadradas. Multipliqué las longitudes laterales, 6 pulgadas y 3 pulgadas, para encontrar la respuesta.

5. Isabelle hace un rectángulo con una longitud lateral de 5 centímetros y un área de 30 centímetros cuadrados. ¿Cuál es la otra longitud lateral? ¿Cómo lo sabes?

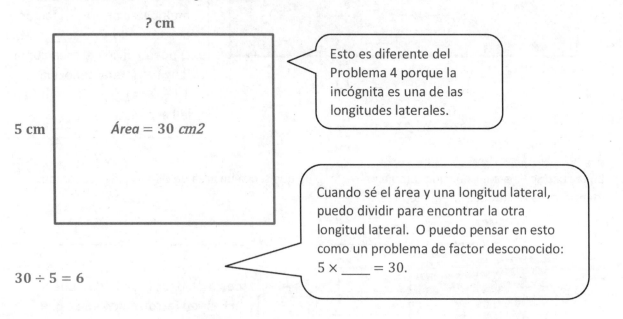

Esto es diferente del Problema 4 porque la incógnita es una de las longitudes laterales.

Cuando sé el área y una longitud lateral, puedo dividir para encontrar la otra longitud lateral. O puedo pensar en esto como un problema de factor desconocido: $5 \times \underline{\quad} = 30$.

$30 \div 5 = 6$

La otra longitud lateral es 6 centímetros. Dividí el área, 30 centímetros cuadrados, por la longitud lateral conocida, 5 centímetros, y $30 \div 5 = 6$.

EUREKA MATH

Nombre _____   Fecha _____

1. Escribe una ecuación de multiplicación para averiguar el área de cada rectángulo.

a.

8 cm

3 cm   Área: _____ cm
       cuadrados

_____ × _____ = _____

b.

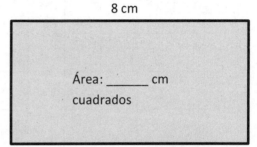

8 cm

6 cm   Área: _____ cm
       cuadrados

_____ × _____ = _____

c.

4
pies

4 pies   Área: _____ pies
         cuadrados

_____ × _____ = _____

d.

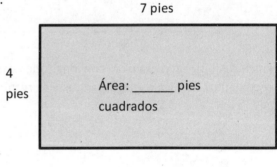

7 pies

4
pies   Área: _____ pies
       cuadrados

_____ × _____ = _____

2. Escribe una ecuación de multiplicación y una ecuación de división para encontrar la longitud lateral desconocida para cada rectángulo.

a.

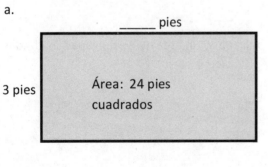

_____ pies

3 pies   Área: 24 pies
         cuadrados

_____ × _____ = _____

_____ ÷ _____ = _____

b.

9 pies

_____
pies   Área: 36 pies
       cuadrados

_____ × _____ = _____

_____ ÷ _____ = _____

EUREKA MATH®

Lección 8:   Encontrar el área de un rectángulo multiplicando las longitudes laterales.

293

© 2019 Great Minds®. eureka-math.org

3. En la siguiente cuadrícula, dibuja un rectángulo con un área de 32 centímetros cuadrados. Identifica las longitudes laterales.

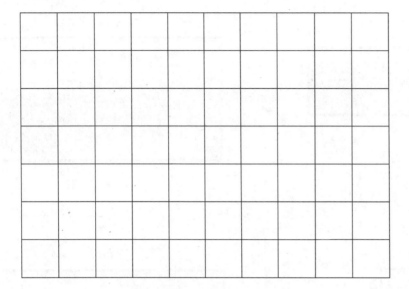

4. Patricia dibuja un rectángulo con longitudes laterales de 4 y 9 centímetros. ¿Cuál es el área del rectángulo? Explica cómo encontraste tu respuesta.

5. Carlos dibuja un rectángulo con una longitud lateral de 9 pulgadas y un área de 27 pulgadas cuadradas. ¿Cuál es la otra longitud lateral? ¿Cómo lo saben?

Lección 8:   Encontrar el área de un rectángulo multiplicando las longitudes laterales.

EUREKA MATH

1. Usa la cuadrícula para contestar las preguntas a continuación.

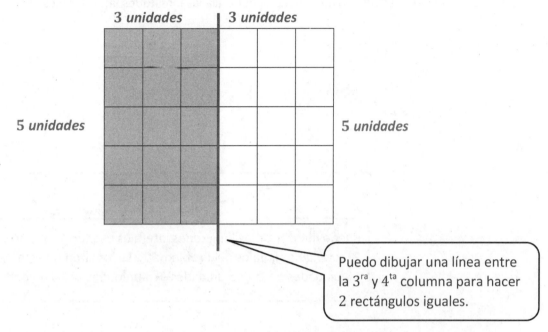

3 *unidades*   3 *unidades*

5 *unidades*   5 *unidades*

Puedo dibujar una línea entre la 3ra y 4ta columna para hacer 2 rectángulos iguales.

a. Dibuja una línea para dividir la cuadrícula en 2 rectángulos iguales. Sombrea 1 de los rectángulos que hiciste.

b. Etiqueta las longitudes laterales de cada rectángulo.

Puedo contar las unidades en cada lado para ayudarme a etiquetar las longitudes laterales de cada rectángulo.

c. Escribe una ecuación para mostrar el área total de los 2 rectángulos.

$$Área = (5 \times 3) + (5 \times 3)$$
$$= 15 + 15$$
$$= 30$$

El área total es 30 unidades cuadradas.

Puedo encontrar el área de cada rectángulo más pequeño multiplicando 5×3. Después, puedo sumar las áreas de los 2 rectángulos iguales para encontrar el área total.

2. Phoebe corta los 2 rectángulos iguales del Problema 1(a) y junta los dos lados más cortos.

    a. Dibuja el nuevo rectángulo de Phoebe e identifica las longitudes laterales a continuación.

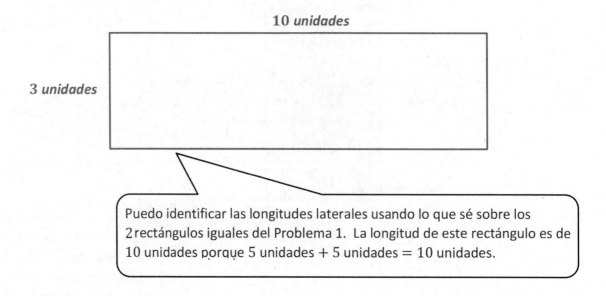

10 *unidades*

3 *unidades*

Puedo identificar las longitudes laterales usando lo que sé sobre los 2 rectángulos iguales del Problema 1. La longitud de este rectángulo es de 10 unidades porque 5 unidades + 5 unidades = 10 unidades.

    b. Encuentra el área total del rectángulo nuevo y más largo

$Área = 3 \times 10$

$= 30$

Puedo encontrar el área multiplicando las longitudes laterales.

El área total es **30** *unidades cuadradas.*

    c. ¿El área del rectángulo nuevo y más largo es igual al área total en el Problema 1(c)? Explica por qué sí o por qué no.

Sí, el área del rectángulo nuevo y más largo es igual al área total en el Problema 1(c). Phoebe solo reorganizó los 2 rectángulos más pequeños e iguales, así que el área total no cambió.

Sé que el área total no cambia solo porque los 2 rectángulos iguales se muevan para formar un rectángulo nuevo y más largo. No se quitaron ni se agregaron unidades, así que el área permanece igual.

EUREKA MATH

Nombre _____   Fecha _____

1.   Usa la cuadrícula para responder las siguientes preguntas.

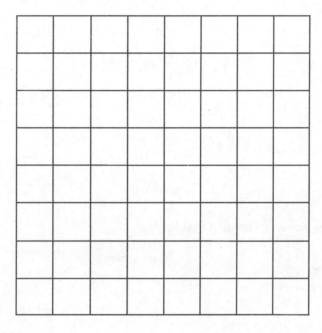

a.   Dibuja una línea para dividir la cuadrícula en 2 rectángulos iguales. Sombrea 1 de los rectángulos que creaste.

b.   Identifica las longitudes laterales de cada rectángulo.

c.   Escribe una ecuación para mostrar el área total de los 2 rectángulos.

2. Alexa corta parte de los 2 rectángulos iguales del Problema 1(a) y pone los dos lados más cortos uno junto al otro.

    a. Dibuja el nuevo rectángulo de Alexa e identifica las longitudes laterales a continuación.

    b. Encuentra el área total del nuevo rectángulo más largo.

    c. ¿Es el área del nuevo rectángulo más largo igual al área total en el Problema 1(c)? Explica por qué sí o por qué no.

EUREKA
MATH

1. Identifica las longitudes laterales de los rectángulos sombreados y no sombreados. Después, encuentra el área total del rectángulo grande sumando las áreas de los 2 rectángulos más pequeños.

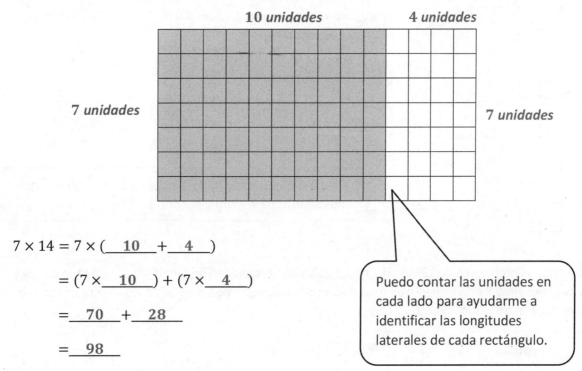

$7 \times 14 = 7 \times ($ ___10___ $+$ ___4___ $)$

$= (7 \times$ ___10___ $) + (7 \times$ ___4___ $)$

$=$ ___70___ $+$ ___28___

$=$ ___98___

Área: ___98___ unidades cuadradas

Puedo contar las unidades en cada lado para ayudarme a identificar las longitudes laterales de cada rectángulo.

EUREKA MATH®

Lección 10:   Aplicar la propiedad distributiva como estrategia para encontrar el área total de un rectángulo grande sumando dos productos.

299

© 2019 Great Minds®. eureka-math.org

2. Vickie se imagina 1 fila más de siete para encontrar el área total de un rectángulo de 9 × 7. Explica cómo es que esto puede ayudarle a resolver 9 × 7.

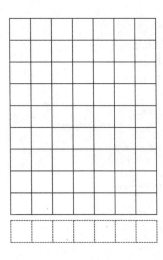

Puede ayudarle a resolver 9×7 porque ahora ella puede pensar en esto como 10×7 menos 1 siete. 10×7 podría ser más fácil de resolver para Vickie que 9×7.

$10 \times 7 = 70$

$70 - 7 = 63$

Esto me hace recordar nla estrategia de $9 = 10 - 1$ que puedo usar para multiplicar por 9.

3. Descompón el rectángulo de 16 × 6 en 2 rectángulos sombreando el rectángulo más pequeño que hay adentro. Después, encuentra el área total encontrando la suma de las áreas de los 2 rectángulos más pequeños. Explica razonamiento.

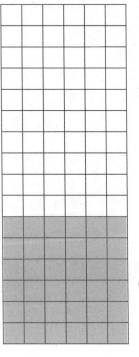

6 unidades

10 unidades

6 unidades

Área $= (10 \times 6) + (6 \times 6)$

$= 60 + 36$

$= 96$

El área total es 96 unidades cuadradas.

Descompuse el rectángulo de 16×6 en 2 rectángulos más pequeños: 10×6 y 6×6. Decidí descomponerlo así porque esas operaciones son más fáciles para mí. Multipliqué las longitudes laterales para encontrar el área de cada rectángulo más pequeño y sumé esas áreas para encontrar el área total.

Puedo descomponer el rectángulo como quiera, pero me gusta buscar operaciones que me sean más fácil de resolver. Para mí, multiplicar por 10 es fácil. También pude haberlo descompuesto en 8×6 y 8×6. Después, solo tendría que resolver una operación.

Lección 10: Aplicar la propiedad distributiva como estrategia para encontrar el área total de un rectángulo grande sumando dos productos.

EUREKA MATH

Nombre _____   Fecha _____

1. Identifica las longitudes laterales de los rectángulos sombreados y sin sombrear. Después, encuentra el área total del rectángulo grande sumando las áreas de los 2 rectángulos más pequeños.

a.

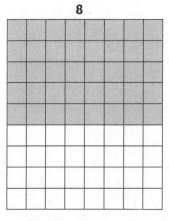

$9 \times 8 = (5 + 4) \times 8$
$= (5 \times 8) + (4 \times 8)$
$= \underline{\hspace{0.8cm}} + \underline{\hspace{0.8cm}}$
$= \underline{\hspace{0.8cm}}$

Área: _____ unidades cuadradas

b.

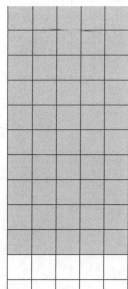

$12 \times 5 = (\underline{\hspace{0.8cm}} + 2) \times 5$
$= (\underline{\hspace{0.8cm}} \times 5) + (2 \times 5)$
$= \underline{\hspace{0.8cm}} + 10$
$= \underline{\hspace{0.8cm}}$

Área: _____ unidades cuadradas

c.

$7 \times 13 = 7 \times (\underline{\hspace{0.8cm}} + 3)$
$= (7 \times \underline{\hspace{0.8cm}}) + (7 \times 3)$
$= \underline{\hspace{0.8cm}} + \underline{\hspace{0.8cm}}$
$= \underline{\hspace{0.8cm}}$

Área: _____ unidades cuadradas

d.

$9 \times 12 = 9 \times (\underline{\hspace{0.8cm}} + \underline{\hspace{0.8cm}})$
$= (9 \times \underline{\hspace{0.8cm}}) + (9 \times \underline{\hspace{0.8cm}})$
$= \underline{\hspace{0.8cm}} + \underline{\hspace{0.8cm}}$
$= \underline{\hspace{0.8cm}}$

Área: _____ unidades cuadradas

EUREKA MATH®

Lección 10:   Aplicar la propiedad distributiva como estrategia para encontrar el área total de un rectángulo grande sumando dos productos.

301

2. Finn imagina 1 fila más de nueve para encontrar el área total de un rectángulo de 9 × 9. Explica cómo le podría ayudar esto a resolver 9 × 9.

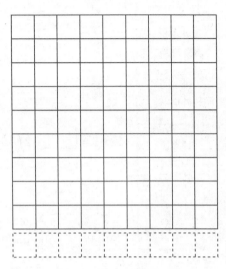

2. Sombrea un área para separar el rectángulo de 16 × 4 en 2 rectángulos más pequeños. Después, encuentra la suma de las áreas de los 2 rectángulos más pequeños para encontrar el área total. Explica tu razonamiento.

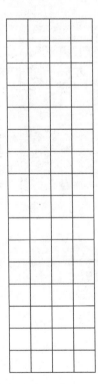

Lección 10:   Aplicar la propiedad distributiva como estrategia para encontrar el área total de un rectángulo grande sumando dos productos.

© 2019 Great Minds®. eureka-math.org

EUREKA MATH

1. Los siguientes rectángulos tienen la misma área. Mueve los paréntesis para encontrar las longitudes laterales desconocidas. Después, resuelve el problema.

a.

6 cm

4 cm

Área: $4 \times$ ___6___ = ___24___

Área: ___24___ cm^2

Puedo multiplicar las longitudes laterales para encontrar el área.

b.

___12___ cm

___2___ cm

Área: $4 \times 6 = (2 \times 2) \times 6$
$= 2 \times (2 \times 6)$
$= $ ___2___ $\times$ ___12___
$= $ ___24___
Área: ___24___ cm^2

Puedo mover los paréntesis y ponerlos alrededor de 2×6. Después de multiplicar 2×6, tengo nuevas longitudes laterales de 2 cm y 12 cm. Puedo identificar las longitudes laterales en el rectángulo. El área no cambió; aún es de 24 cm^2.

2. ¿El Problema 1 muestra todas las posibles longitudes laterales de un número entero para un rectángulo con un área de 24 centímetros cuadrados? ¿Cómo lo sabes?

   No, el Problema 1 no muestra todas las posibles longitudes laterales de un número entero. Lo verifico tratando de multiplicar cada número del 1 al 10 por otro número para llegar a 24. Si encuentro números que den 24 cuando los multiplico, entonces con eso sé que esas son posibles longitudes laterales.

   Sé que $1 \times 24 = 24$. Así que 1 cm y 24 cm son posibles longitudes laterales. Ya tengo una operación de multiplicación para 2, 2×12. Sé que $3 \times 8 = 24$, lo cual significa que $8 \times 3 = 24$. Ya tengo una operación de multiplicación para 4, 4×6. Eso también significa que tengo una operación de multiplicación para 6, $6 \times 4 = 24$. Sé que no hay un número entero que se pueda multiplicar por 5, 7, 9 o 10 que equivalga a 24. Entonces, además de las longitudes laterales del Problema 1, las otras podrían ser 1 cm y 24 cm o 8 cm y 3 cm.

   Sé que no puedo tener longitudes laterales en las que ambas sean números de dos dígitos porque cuando multiplico 2 números de dos dígitos, el producto es mucho más grande que 24.

3. a.   Encuentra el área del rectángulo a continuación.

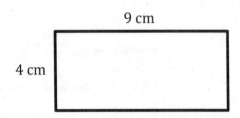

9 cm

4 cm

$Área = 4 \times 9$
$= 36$
El área del rectángulo es 36 centímetros cuadrados.

b.   Marcus dice que un rectángulo de 2 cm por 18 cm tiene un área igual al del rectángulo en la parte (a). Coloca paréntesis en la ecuación para encontrar y resolver la operación relacionada. ¿Marcus tiene razón? ¿Por qué sí o por qué no?

$2 \times 18 = 2 \times (2 \times 9)$
$= (2 \times 2) \times 9$
$= \underline{\ 4\ } \times \underline{\ 9\ }$
$= \underline{\ 36\ }$

Área: $\underline{\ 36\ }$ cm²

Sí, Marcus tiene razón porque puedo volver a escribir 18 como 2 × 9. Después, puedo mover los paréntesis y colocarlos alrededor de 2 × 2. Después de multiplicar 2 × 2, tengo 4 cm y 9 cm como longitudes laterales, así como en la parte (a).

2 × 18 = 4 × 9 = 36

Aunque los rectángulos en las partes (a) y (b) tienen diferentes longitudes laterales, las áreas son las mismas. Volver a escribir 18 como 2 × 9 y mover los paréntesis me ayuda a ver que 2 × 18 = 4 × 9.

c.   Usa la expresión 4 × 9 para encontrar diferentes longitudes laterales para un rectángulo que tenga la misma área a la del rectángulo en la parte (a). Muestra tus ecuaciones usando paréntesis. Después, calcula aproximadamente para dibujar el rectángulo y etiquetar las longitudes laterales.

$4 \times 9 = 4 \times (3 \times 3)$
$= (4 \times 3) \times 3$
$= 12 \times 3$
$= 36$

Área: 36 cm²

Puedo volver a escribir 9 como 3 × 3. Después puedo mover los paréntesis y multiplicar para encontrar las nuevas longitudes laterales, 12 cm y 3 cm. Puedo calcular aproximadamente para dibujar el rectángulo. Si fuera necesario, puedo usar la suma repetida, 12 + 12 + 12, para volver a verificar que 12 × 3 = 36.

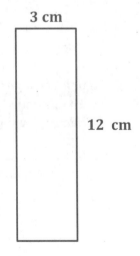

3 cm

12 cm

Lección 11:   Demostrar las posibles longitudes laterales de números enteros de los rectángulos con áreas de 24, 36, 48 o 72 unidades cuadradas usando la propiedad asociativa.

EUREKA MATH

Nombre _____   Fecha _____

1. Los siguientes rectángulos tienen la misma área. Mueve el paréntesis para averiguar las longitudes laterales desconocidas que hacen falta. Después, resuelve.

36 cm

1 cm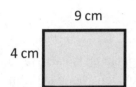

b. Área: 1 × 36 = _____

    Área: _____ cm2

9 cm

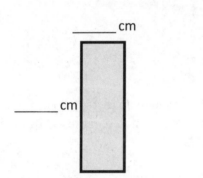
4 cm

a. Área: 4 × _____ = _____

         Área: _____ cm2

_____ cm

2 cm

c. Área: **4 × 9** = (2 × 2) × 9

           = 2 × 2 × 9

           = _____ × _____

           = _____

    Área: _____ cm2

_____ cm

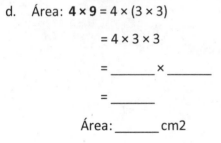
_____ cm

d. Área: **4 × 9** = 4 × (3 × 3)

           = 4 × 3 × 3

           = _____ × _____

           = _____

    Área: _____ cm2

e. Área: **12 × 3** = (6 × 2) × 3

           = 6 × 2 × 3

_____ cm

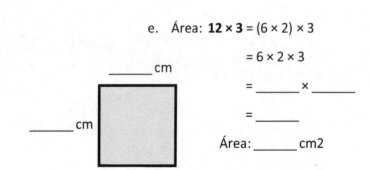
_____ cm

           = _____ × _____

           = _____

    Área: _____ cm2

2. ¿El Problema 1 muestra todas las posibles longitudes laterales de números enteros para un rectángulo con un área de 36 centímetros cuadrados? ¿Cómo lo sabes?

EUREKA MATH®

Lección 11:   Demostrar las posibles longitudes laterales de números enteros de los rectángulos con áreas de 24, 36, 48 o 72 unidades cuadradas usando la propiedad asociativa.

© 2019 Great Minds®. eureka-math.org

305

3. a. Encuentra el área del siguiente rectángulo.

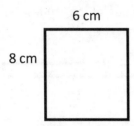

6 cm

8 cm

b. Hilda dice que un rectángulo de 4 cm por 12 cm tiene la misma área que el rectángulo en la Parte (a). Coloca el paréntesis en la ecuación para averiguar la operación relacionada y resuelve. ¿Tiene la razón Hilda? ¿Por qué sí o por qué no?

$4 \times 12 = 4 \times 2 \times 6$

$= 4 \times 2 \times 6$

$= \underline{\quad} \times \underline{\quad}$

$= \underline{\quad}$

Área: _____ cm2

c. Usa la expresión 8×6 para encontrar las diferentes longitudes laterales para un rectángulo con la misma área que el rectángulo en la Parte (a). Muestra tus ecuaciones usando paréntesis. Después, calcula para dibujar el rectángulo e identifica las longitudes laterales.

Lección 11:   Demostrar las posibles longitudes laterales de números enteros de los rectángulos con áreas de 24, 36, 48 o 72 unidades cuadradas usando la propiedad asociativa.

© 2019 Great Minds®. eureka-math.org

EUREKA MATH®

1. Molly dibuja un cuadrado con lados que miden 8 pulgadas de largo. ¿Cuál es el área del cuadrado?

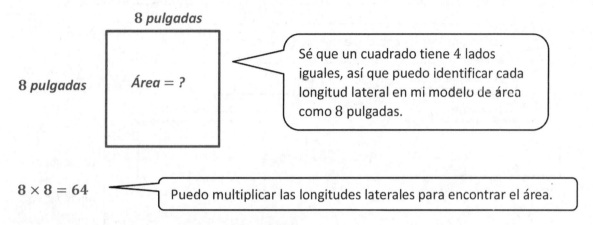

8 pulgadas

8 pulgadas   *Área = ?*

Sé que un cuadrado tiene 4 lados iguales, así que puedo identificar cada longitud lateral en mi modelo de área como 8 pulgadas.

$8 \times 8 = 64$

Puedo multiplicar las longitudes laterales para encontrar el área.

El área del cuadrado es 64 pulgadas cuadradas.

2. Cada ▢ es 1 unidad cuadrada. Nathan usa las mismas unidades cuadradas para dibujar un rectángulo de 2 × 8 y dice que tiene un área igual al del siguiente rectángulo. ¿Tiene razón? Explica por qué sí o por qué no.

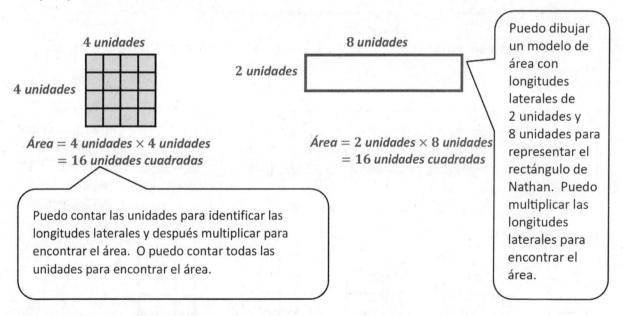

4 unidades

4 unidades

8 unidades

2 unidades

Puedo dibujar un modelo de área con longitudes laterales de 2 unidades y 8 unidades para representar el rectángulo de Nathan. Puedo multiplicar las longitudes laterales para encontrar el área.

Área = 4 unidades × 4 unidades = 16 unidades cuadradas

Área = 2 unidades × 8 unidades = 16 unidades cuadradas

Puedo contar las unidades para identificar las longitudes laterales y después multiplicar para encontrar el área. O puedo contar todas las unidades para encontrar el área.

Sí, Nathan tiene razón. Ambos rectángulos tienen la misma área, 16 unidades cuadradas. Los rectángulos tienen diferentes longitudes laterales, pero cuando se multiplican las longitudes laterales, se obtiene la misma área.

$$4 \times 4 = 2 \times 8 = 16$$

3. Un cuaderno rectangular tiene un área total de 24 pulgadas cuadradas. Dibuja e identifica dos posibles cuadernos con diferentes longitudes laterales, cada uno con un área de 24 pulgadas cuadradas.

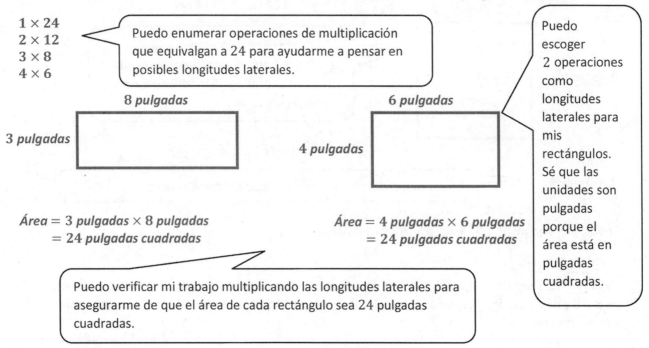

1×24
2×12
3×8
4×6

Puedo enumerar operaciones de multiplicación que equivalgan a 24 para ayudarme a pensar en posibles longitudes laterales.

Puedo escoger 2 operaciones como longitudes laterales para mis rectángulos. Sé que las unidades son pulgadas porque el área está en pulgadas cuadradas.

8 pulgadas

3 pulgadas

6 pulgadas

4 pulgadas

Área = 3 *pulgadas* × 8 *pulgadas*
      = 24 *pulgadas cuadradas*

Área = 4 *pulgadas* × 6 *pulgadas*
      = 24 *pulgadas cuadradas*

Puedo verificar mi trabajo multiplicando las longitudes laterales para asegurarme de que el área de cada rectángulo sea 24 pulgadas cuadradas.

4. Sophia hace el siguiente patrón. Encuentra y explica su patrón. Después, dibuja la quinta figura de su patrón.

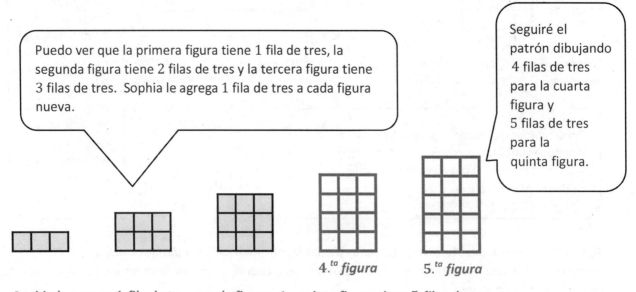

Puedo ver que la primera figura tiene 1 fila de tres, la segunda figura tiene 2 filas de tres y la tercera figura tiene 3 filas de tres. Sophia le agrega 1 fila de tres a cada figura nueva.

Seguiré el patrón dibujando 4 filas de tres para la cuarta figura y 5 filas de tres para la quinta figura.

4.ta *figura*

5.ta *figura*

Sophia le agrega 1 *fila de tres a cada figura. La quinta figura tiene* 5 *filas de tres.*

EUREKA
MATH

Nombre _____   Fecha _____

1. Un calendario cuadrado tiene lados que miden 9 pulgadas de largo. ¿Cuál es el área del calendario?

2. Cada 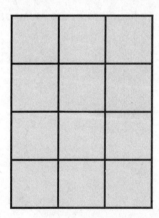 es 1 unidad cuadrada. Sienna usa las mismas unidades cuadradas para dibujar

un rectángulo de 6 × 2 y dice que tiene la misma área que el siguiente rectángulo. ¿Está en lo correcto?
Explica por qué sí o por qué no.

3. La superficie de un escritorio de oficina tiene un área de 15 pies cuadrados. Su longitud es de 5 pies.
¿Qué tan ancho es el escritorio de oficina?

4. Un jardín rectangular tiene un área total de 48 yardas cuadradas. Dibuja e identifica dos posibles jardines rectangulares con diferentes longitudes laterales que tengan la misma área.

5. Lila hace el siguiente patrón. Encuentra y explica su patrón. Después, dibuja la *quinta* figura en su patrón.

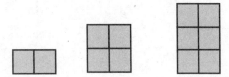

EUREKA
MATH

1. La siguiente figura sombreada está compuesta por 2 rectángulos. Encuentra el área total de la figura sombreada.

8 unidades

B

2 unidades

6 unidades

A

4 unidades

> Puedo contar las unidades cuadradas e identificar las longitudes laterales de cada rectángulo dentro de la figura.

$6 \times 4 = 24$ $2 \times 8 = 16$

Área de A:
24 unidades cuadradas

Área de B: **16 unidades cuadradas**

> Puedo multiplicar las longitudes laterales para encontrar el área de cada rectángulo dentro de la figura.

> Puedo sumar las áreas de los rectángulos para encontrar el área total de la figura.

Área de A+ Área de B= ___24___ unidades cuadradas + ___16___ unidades cuadradas = ___40___

unidades cuadradas

6   10

$24 + 6 = 30$

$30 + 10 = 40$

> Puedo usar un vínculo numérico para ayudarme a hacer una decena para sumar. Puedo descomponer 16 en 6 y 10. $24 + 6 = 30$ y $30 + 10 = 40$. El área de la figura es 40 unidades cuadradas.

Lección 13:   Encontrar áreas al descomponer en rectángulos o completar figuras compuestas para formar rectángulos.   **311**

© 2019 Great Minds®. eureka-math.org

2. La figura muestra un rectángulo pequeño que se ha cortado de un rectángulo grande. Encuentra el área de la figura sombreada.

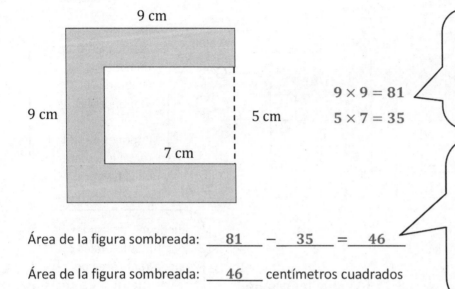

$9 \times 9 = 81$

$5 \times 7 = 35$

> Puedo multiplicar las longitudes laterales para encontrar las áreas del rectángulo grande y del rectángulo no sombreado.

> Puedo restar el área del rectángulo no sombreado del área del rectángulo grande. Eso me ayuda a encontrar solamente el área de la figura sombreada.

Área de la figura sombreada: __81__ – __35__ = __46__

Área de la figura sombreada: __46__ centímetros cuadrados

3. La figura muestra un rectángulo pequeño que se ha cortado de un rectángulo grande

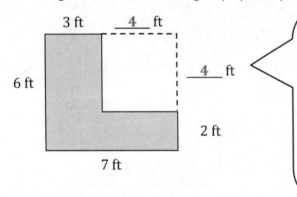

> Puedo identificar esto como 4 ft porque el lado opuesto del rectángulo es 6 ft. Ya que los lados opuestos de los rectángulos son iguales, puedo restar la parte conocida de esta longitud lateral, 2 ft, de la longitud lateral opuesta, 6 ft. 6 ft − 2 ft = 4 ft. Puedo usar una estrategia semejante para encontrar la otra medida desconocida:
> 7 ft − 3 ft = 4 ft.

a. Identifica las medidas desconocidas.

b. Área del rectángulo grande: __6__ ft × __7__ ft = __42__ ft^2

c. Área del rectángulo pequeño: __4__ ft × __4__ ft = __16__ ft^2

d. Encuentra solamente el área de la parte sombreada.

$42 \text{ ft}^2 - 16 \text{ ft}^2 = 26 \text{ ft}^2$

El área de la figura sombreada es 26 ft^2.

> Puedo restar el área del rectángulo pequeño para encontrar solamente el área de la parte sombreada.

312   Lección 13:   Encontrar áreas al descomponer en rectángulos o completar figuras compuestas
                           para formar rectángulos.

© 2019 Great Minds®. eureka-math.org

Nombre _____   Fecha _____

1. Cada una de las siguientes figuras está compuesta por 2 rectángulos. Encuentra el área total de cada figura.

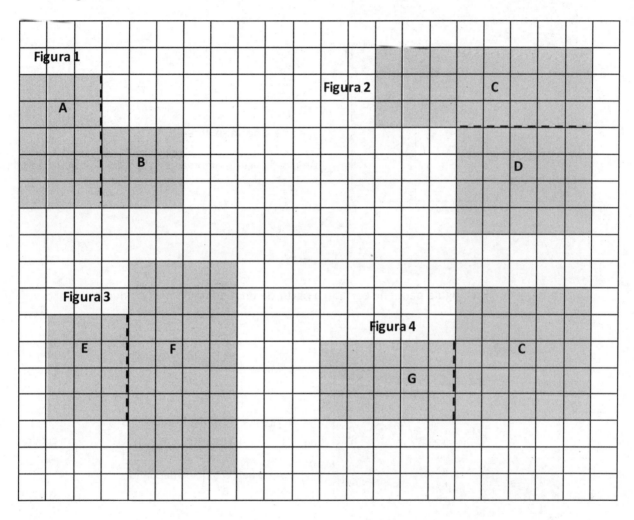

Figura 1: Área de A + Área de B: ___18___ unidades cuadradas + _____ unidades cuadradas = _____ unidades cuadradas

Figura 2: Área de C + Área de D: _____ unidades cuadradas + _____ unidades cuadradas = _____ unidades cuadradas

Figura 3: Área de E + Área de F: _____ unidades cuadradas + _____ unidades cuadradas = _____ unidades cuadradas

Figura 4: Área de G + Área de H: _____ unidades cuadradas+ _____ unidades cuadradas = _____ unidades cuadradas

Lección 13:   Encontrar áreas al descomponer en rectángulos o completar figuras compuestas para formar rectángulos.

313

2. La figura muestra un rectángulo pequeño cortado a partir de un rectángulo más grande. Averigua el área de la figura sombreada.

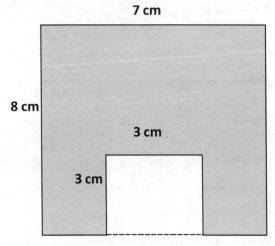

7 cm

8 cm

3 cm

3 cm

Área de la figura sombreada: _____ - _____ = _____

Área de la figura sombreada: _____ centímetros cuadrados

3. La figura muestra un rectángulo pequeño cortado a partir de un rectángulo más grande.

_____ cm

6 cm

_____ cm

8 cm

4 cm

9 cm

a. Marca las medidas desconocidas.

b. Área del rectángulo grande:

_____ cm × _____ cm = _____ cm cuadrados

c. Área del rectángulo pequeño:

_____ cm × _____ cm = _____ cm cuadrados

d. Averigua el área de la figura sombreada.

Lección 13: Encontrar áreas al descomponer en rectángulos o completar figuras compuestas para formar rectángulos.

© 2019 Great Minds®. eureka-math.org

EUREKA MATH

1. Encuentra el área de la siguiente figura, la cual está compuesta por rectángulos.

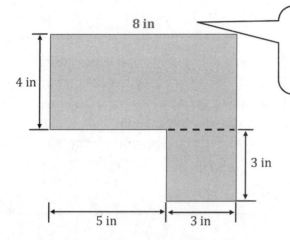

Puedo identificar esta longitud lateral desconocida como 8 pulgadas porque el lado opuesto es 5 pulgadas y 3 pulgadas, lo cual da un total de 8 pulgadas. Los lados opuestos de un rectángulo son iguales.

$$4 \times 8 = 32$$
$$3 \times 3 = 9$$
$$32 + 9 = ?$$
31   1
$$1 + 9 = 10$$
$$31 + 10 = 41$$

Puedo encontrar el área de la figura encontrando las áreas de los dos rectángulos y después sumando. Puedo usar un vínculo numérico para hacer que la suma sea más fácil.

El área de la figura es 41 pulgadas cuadradas.

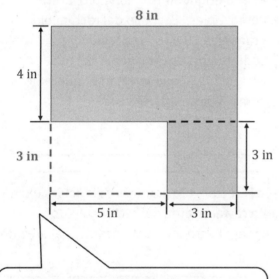

$$8 \times 7 = 56$$
$$3 \times 5 = 15$$
$$56 - 15 = 41$$

O puedo encontrar el área de la figura dibujando líneas para completar el rectángulo grande. Después, puedo encontrar las áreas del rectángulo grande y la parte no sombreada. Puedo restar el área de la parte no sombreada del área del rectángulo más grande. Sea como sea que lo resuelva, el área de la figura es 41 pulgadas cuadradas.

Puedo identificar esta longitud lateral desconocida como 3 pulgadas porque el lado opuestro es 3 pulgadas.

EUREKA MATH®

Lección 14:   Encontrar áreas al descomponer en rectángulos o completar figuras compuestas para formar rectángulos.

© 2019 Great Minds®. eureka-math.org

315

2. La figura a continuación muestra un rectángulo pequeño que se ha cortado de un rectángulo grande. Encuentra el área de la región sombreada.

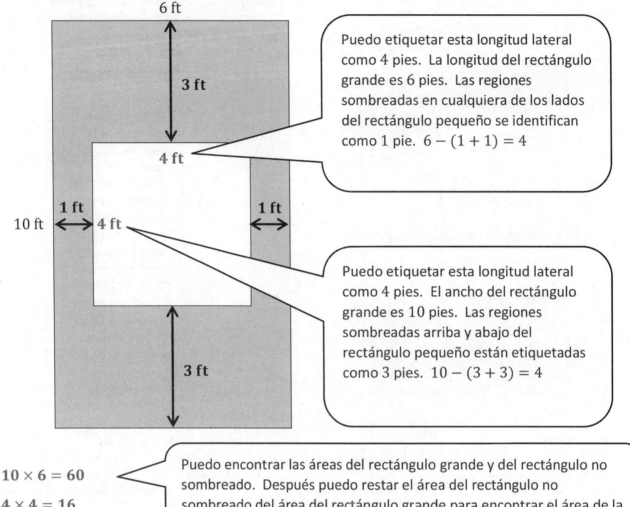

6 ft

3 ft

4 ft

Puedo etiquetar esta longitud lateral como 4 pies. La longitud del rectángulo grande es 6 pies. Las regiones sombreadas en cualquiera de los lados del rectángulo pequeño se identifican como 1 pie. $6 - (1 + 1) = 4$

10 ft   1 ft   4 ft   1 ft

Puedo etiquetar esta longitud lateral como 4 pies. El ancho del rectángulo grande es 10 pies. Las regiones sombreadas arriba y abajo del rectángulo pequeño están etiquetadas como 3 pies. $10 - (3 + 3) = 4$

3 ft

$10 \times 6 = 60$

$4 \times 4 = 16$

$60 - 16 = ?$

Puedo encontrar las áreas del rectángulo grande y del rectángulo no sombreado. Después puedo restar el área del rectángulo no sombreado del área del rectángulo grande para encontrar el área de la región sombreada.

40   20

$20 - 16 = 4$

Puedo usar un vínculo numérico para que la resta sea más fácil.

$40 + 4 = 44$

El área de la región sombreada es 44 pies cuadrados.

Lección 14:   Encontrar áreas al descomponer en rectángulos o completar figuras compuestas para formar rectángulos.

© 2019 Great Minds®. eureka-math.org

EUREKA MATH

Nombre _____   Fecha _____

1. Encuentra el área de cada una de las siguientes figuras. Todas las figuras están compuestas por rectángulos.

a.

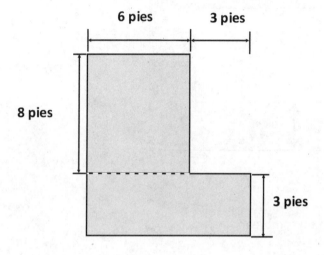

b.

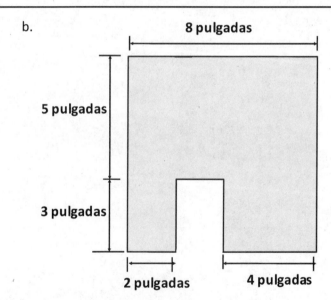

Lección 14:   Encontrar áreas al descomponer en rectángulos o completar figuras compuestas para formar rectángulos.

317

© 2019 Great Minds®. eureka-math.org

2. La siguiente figura muestra un rectángulo pequeño cortado a partir de un rectángulo grande.

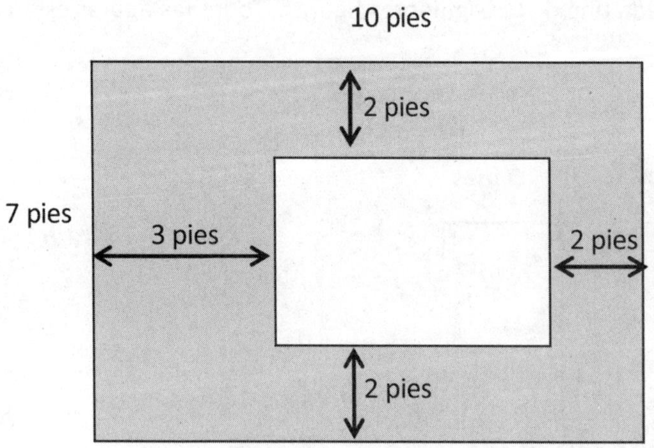

10 pies

2 pies

7 pies

3 pies

2 pies

2 pies

a. Identifica las longitudes laterales de la región sin sombrear.

b. Encuentra el área de la región sombreada.

Lección 14:   Encontrar áreas al descomponer en rectángulos o completar figuras compuestas para formar rectángulos.

© 2019 Great Minds®. eureka-math.org

EUREKA MATH

Usa una regla para medir las longitudes laterales en centímetros de cada habitación numerada en el plano. Después, encuentra cada área. Usa las siguientes medidas para conectar y etiquetar las habitaciomes.

Cocina/Sala: 78 centímetros cuadrados

Dormitorio: 48 centímetros cuadrados

Baño: 24 centímetros cuadrados

Pasillo: 6 centímetros cuadrados

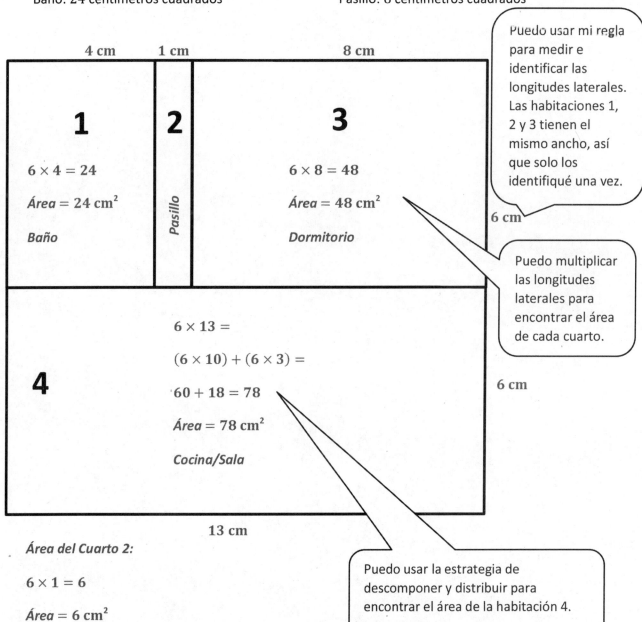

Puedo usar mi regla para medir e identificar las longitudes laterales. Las habitaciones 1, 2 y 3 tienen el mismo ancho, así que solo los identifiqué una vez.

Puedo multiplicar las longitudes laterales para encontrar el área de cada cuarto.

Puedo usar la estrategia de descomponer y distribuir para encontrar el área de la habitación 4.

Área del Cuarto 2:

$6 \times 1 = 6$

Área $= 6 \text{ cm}^2$

Lección 15: Aplicar los conocimientos de áreas para determinar las áreas de las habitaciones en un plano determinado.

319

© 2019 Great Minds®. eureka-math.org

Nombre _____   Fecha _____

Usa una regla para medir en centímetros las longitudes laterales de cada habitación enumerada. Después, encuentra el área. Usa las siguientes medidas para relacionar e identifica las habitaciones con las áreas correctas.

Cocina: 45 centímetros cuadrados   Sala de estar: 63 centímetros cuadrados

Porche: 34 centímetroscuadrados   Dormitorio: 56 centímetros cuadrados

Baño: 24centímetroscuadrados   Pasillo: 12 centímetros cuadrados

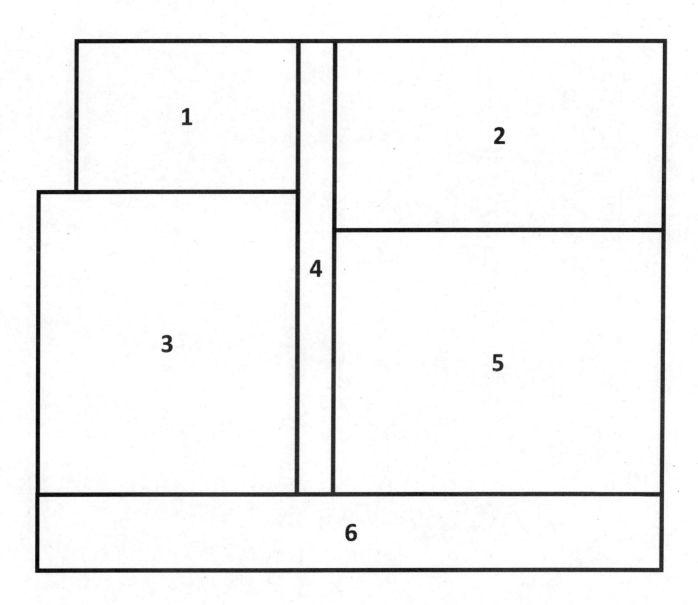

Lección 15:   Aplicar los conocimientos de áreas para determinar las áreas de las habitaciones en un plano determinado.

321

EUREKA MATH

© 2019 Great Minds®. eureka-math.org

La Sra. Harris diseña el salón de clase de sus sueños en un papel cuadriculado. La tabla muestra cuánto espacio ella le da a cada área rectangular. Usa la información en la tabla para dibujar e identificar un posible diseño para el salón de clase de la Sra. Harris.

Área de lectura	48 unidades cuadradas	6 × 8
Área entapetada	72 unidades cuadradas	9 × 8
Área para los pupitres	90 unidades cuadradas	10 × 9
Área de ciencias	56 unidades cuadradas	7 × 8
Área de matemáticas	64 unidades cuadradas	8 × 8

Se me ocurren operaciones de multiplicación que son iguales a a cada área. Después puedo usar las operaciones de multiplicación como longitudes laterales de cada área rectangular. Puedo usar la cuadrícula para ayudarme a dibujar cada área rectangular.

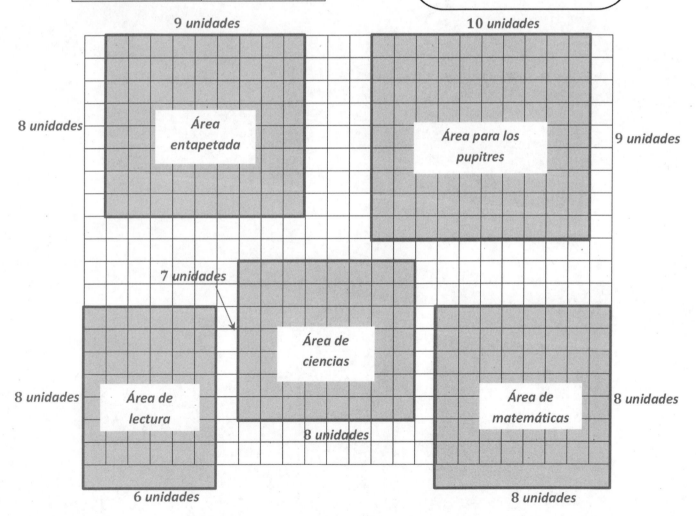

Lección 16:   Aplicar los conocimientos de áreas para determinar las áreas de las habitaciones en un plano determinado.

323

© 2019 Great Minds®. eureka-math.org

Nombre _____   Fecha _____

Jeremy planea y diseña el parque de recreo de sus sueños en papel cuadriculado. Su nuevo parque de juegos cubrirá un área total de 100 unidades cuadradas. La tabla muestra cuánto espacio da él para cada área o equipo. Usa la información en la tabla para dibujar e identificar una forma posible en la que Jeremy pueda planear su parque de juegos.

Cancha de baloncesto	10 unidades cuadradas
Torre para escalar	9 unidades cuadradas
Tobogán	6 unidades cuadradas
Área de fútbol	24 unidades cuadradas

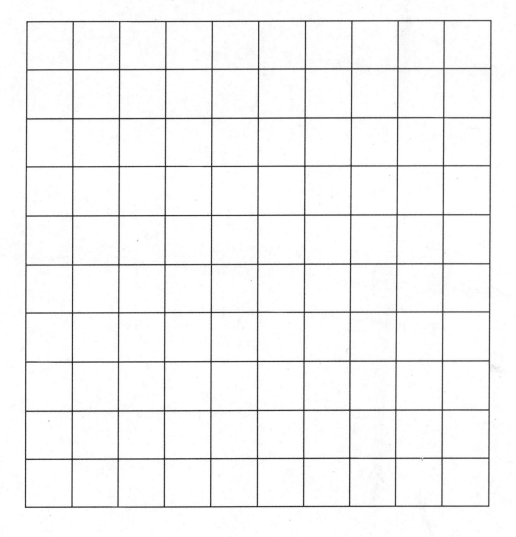

Lección 16:   Aplicar los conocimientos de áreas para determinar las áreas de las habitaciones en un plano determinado.

© 2019 Great Minds®. eureka-math.org

325

Créditos

Great Minds® ha hecho todos los esfuerzos para obtener permisos para la reimpresión de todo el material protegido por derechos de autor. Si algún propietario de material sujeto a derechos de autor no ha sido mencionado, favor ponerse en contacto con Great Minds para su debida mención en todas las ediciones y reimpresiones futuras.